散养鸡
饲养管理

纪守学　周丽荣　主编

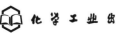

化学工业出版社

·北京·

图书在版编目（CIP）数据

散养鸡饲养管理/纪守学，周丽荣主编. —北京：化学
工业出版社，2016.9（2025.2重印）
ISBN 978-7-122-27328-4

Ⅰ.①散… Ⅱ.①纪… ②周… Ⅲ.①鸡-饲养管理
Ⅳ.①S831.4

中国版本图书馆 CIP 数据核字（2016）第 129098 号

责任编辑：彭爱铭　　　　　　　　　　装帧设计：关　飞
责任校对：宋　玮

出版发行：化学工业出版社（北京市东城区青年湖南街 13 号　邮政编码 100011）
印　　装：北京天宇星印刷厂
850mm×1168mm　1/32　印张 4¾　字数 105 千字
2025 年 2 月北京第 1 版第 14 次印刷

购书咨询：010-64518888
售后服务：010-64518899
网　　址：http://www.cip.com.cn
凡购买本书，如有缺损质量问题，本社销售中心负责调换。

定　　价：28.00 元　　　　　　　　　版权所有　违者必究

随着生活水平的提高，人们的营养意识和食品安全意识不断增强，消费观念开始向崇尚自然、追求健康、注重环保方向转变。人们对吃的要求也从数量转到质量上，不仅要求吃饱，更讲究口味、营养，讲究吃得安全，吃得健康。消费者不仅要求鸡产品营养丰富，而且要有良好的感官性状和口味，更重要的是要求产品安全无污染。而目前的快速型肉鸡产品色泽差，风味不足，远远不能满足消费者的需求。因此，优质、安全的土鸡产品备受关注，需求量逐年增加。

优质土鸡又称优质地方品种鸡、笨鸡、本地鸡、草鸡，其血统纯正，以肉用为主，蛋用为辅，不但口感好，而且营养丰富。我国优质土鸡虽然增重较慢，饲料转化率不高，但抗病力强，营养丰富，肌肉嫩滑，肌纤维细小，肌间脂肪分布均匀，水分含量低，鸡味浓郁，风味独特，产品安全无污染，因而深受青睐，价格是普通肉鸡的2～3倍。各地迅速掀起了饲养优质土鸡的热潮，其生产规模不断扩大，技术水平进一步提高，产业化发展势头迅猛，成为当前农村新的经济增长点。

针对当前各地土鸡养殖的蓬勃发展，广大养殖户对科学养殖知识和先进技术需求，根据我们多年来的经验，借鉴国内外养鸡最新技术和成果，精心编著此书，以期对我们的农民朋友在我国优质土鸡的产业化发展道路上起到一点促进作用。

本书着重阐述生产实践中各主要环节的关键技术和措施，

具有较强的实用性、科学性。适用于各养禽场（户），也可供广大养殖技术人员和管理人员参考。

本书由辽宁农业职业技术学院纪守学、周丽荣主编，李春华、王心竹、苗中秋参与了部分编写工作。

在编写过程中，笔者参考了大量有关文献，谨致谢忱。限于时间和写作水平，书中不足之处在所难免，敬请读者批评、指正。

编者
2016 年 5 月

目录

第一章　散养鸡放养环境的选择与建筑　/ 1

第二章　散养鸡品种　/ 25

第三章　雏鸡的饲养管理　/ 38

第四章　育成鸡饲养管理 / 57

第五章　产蛋鸡饲养管理 / 74

第一章
散养鸡放养环境的选择与建筑

散放生态养鸡，就是充分利用果园、山林等生态园，因陋就简，搭盖一定量的简易鸡棚，在果园、山林内进行以放养为主与舍饲为辅的一种饲养模式。雏鸡一般在鸡舍内育雏、饲养，待脱温后至出栏的大部分时间在果园、山林内放养，白天采食草、籽、果实、虫、沙粒等，夜间回鸡舍憩息。

第一节　散养鸡放养环境的选择

散放生态鸡场环境选择是关键。要为鸡创造一个良好的生长环境，首先应该做好原生态场址的选择。放养环境选择的好坏，对鸡的健康状况、生产性能的发挥、生产成本及养殖效益都有着重要影响，对安全生产具有重要意义。场地一旦选定后，所有的房舍建筑、生产设备都要进行动工建设、安装，投资较大，且一经确定后很难改变。所以选择一定要经过慎重考虑和充分论证。

一、散养鸡放养环境的选择原则

遵循环境保护的基本原则，防止环境污染。养鸡场地既要保证不受周围其他厂矿、企业的污染，又要避免对周围外界环境造成污染。

1. 无公害生产原则

所选区域的空气、水源、土壤等应符合无公害生产标准。防止重工业、化工工业等工矿企业产生的废气、废水、废渣等的污染。鸡若长期处于严重污染的环境，受到有害物质的影响，产品中也会残留有毒、有害物质，这些禽产品对人体也有害。因此，散放生态养鸡场不宜选在环境受到污染的地方。

2. 生态可持续发展原则

鸡场选址和建设时要有长远考虑，做到可持续发展。鸡场的生产不能对周围环境造成污染。选择场址时，应考虑鸡的粪便、污水等废弃物的处理、利用方法。对场地排污方式、污水去向、距居民区水源的距离等应调查清楚，以免引起对周边环境的污染。

3. 卫生防疫原则

鸡场场地的环境及卫生防疫条件是影响散放生态养鸡是否成功的关键因素之一，必须对当地历史疫情做周密的调查研究，特别警惕附近兽医站、养殖场、屠宰场等离拟建场的距离、方位等，尽量要远离这些污染源，并保证合理的卫生距离，并处于这些污染源的上风向。

4. 经济性原则

散放生态养鸡场，在选择用地和建设时应精打细算、厉行节约。避免盲目追求大规模建设、投资，鸡舍和设备可以因陋就简，有效利用原有的自然资源和设备，尽量减少投入成本。

二、放养环境的选择要求

养鸡场地要考虑物资需求和产品供销，应保证交通方便。场地外应通有公路，但不应与主要交通线路交叉。放养场地应尽可能接近饲料产地和加工地，靠近产品销售地，确保有合理的运输途径。为确保防疫卫生要求，避免噪声对鸡健康和生产性能的影响。

1. 与各种化工厂及畜禽产品加工厂距离

为防止被污染，养鸡场地与各种化工厂、畜禽产品加工厂的距离应不小于1500m，而且不应将放养场地设在这些工厂的下风向。

2. 与其他养殖场距离

为防止疾病的传播，每个放养场地与其他畜禽场之间的距离，一般不少于500m。大型畜禽场之间应不少于1000～1500m。

3. 放养场地与附近居民点的距离

最好远离人口密集区，与居民点有1000～3000m的距离，并应处在居民点的下风向和居民水源的下游。有些要求较高的地区，如水源一级保护区、旅游区等，则不允许选建养鸡场。

4. 交通运输

选择场址时既要考虑交通方便，又要为了卫生防疫使放养场地与交通干线保持适当的距离。一般来说，放养场地与国道的距离至少500m，与省道、区际公路的距离200～300m，与一般道路的距离50～100m（有围墙时可减小到50m）。放养场地要求建专用道路与公路相连。

5. 与电力、供水及通讯设施关系

养鸡舍要靠近输电线路，以尽量缩短新线建设距离，并最好有双路供电条件。如无此条件，鸡场要有自备电源以保证场内稳定的电力供应。另外，使鸡场尽量靠近集中式供水系统（城市自来水），以便于保障供水质量。

三、放养环境的选择目标

散养土鸡需要有良好的生态条件。适合规模放养土鸡的地方包括山地、坡地、园地、大田、河湖滩涂和经济林地等。放养场地必须远离住宅区、工矿区和公路主干线，环境僻静、空气质量好。

1. 园地养鸡

园地最好远离人口密集区，地势平坦、日照时间长，易防敌害和传染病，树龄以3～5年生为佳。园地周围要用渔网或纤维网隔离，以便管理，园内要设有清洁、充足的水源，以满足鸡饮水需要。

（1）适宜的园地　适宜养殖的园地有竹园、果园、茶园、桑园等，要求地势高燥、避风向阳、环境安静、饮水方便、无污染、无兽害。

（2）保果护鸡　土鸡觅食力强，活动范围广，喜欢飞高栖息、啄皮、啄叶，严重影响果树生长和水果品质，所以在水果生长收获期，果树主干四周用竹篱笆或渔网圈好，果实采用套袋技术或从果实膨大期开始禁园。同时果树喷洒农药时应尽量使用低毒高效或低浓度低毒的杀菌农药，或实行限区域放养，或实行禁放1周，避免鸡群农药中毒。

（3）园地养鸡要点　放养前，园地要彻底清理干净，进行消毒，消毒7天后方可放养。

① 园地要搭建棚舍　供鸡保暖驱寒，避暑遮阳，防风避雨，还是补饲和夜间休息的场所。

② 围网　将放养的园地用尼龙网或不锈钢网围成高1.5m的封闭围栏，每隔2～3m打一根桩柱，将尼龙网绑在桩柱上，靠地面的网边用泥土压实。所圈围场地的面积，一般以每只鸡不少于1.5m^{2}计算，越宽越好。鸡可在栏内自由采食，以免跑丢。

③ 放养　雏鸡5周脱温后放养时先严格淘汰劣次小鸡，提高成活率。每天放养时间不能过早，过早天气寒凉，雏鸡抵抗力差，难以成活。只要不是下雨或大风天气都可以在室外活动，太阳落山前，应将鸡圈回鸡舍。

④ 补喂、供水　雏鸡放养3～4天进行调教，使其形成良好的反射。白天放养不放料，给予充足的清洁饮水，根据放养的数量置足水盆或水槽。阴雨天鸡不能外出觅食，这时需要及时给料。傍晚补饲一些饲料，补饲多少应该以野生饲料资源的多少而定。夏秋季节可以在鸡舍前安装灯泡诱虫，让鸡采食。

⑤ 防治病害　果园因防治病虫害要经常喷施农药，喷施农药要选择对鸡没有毒害和毒害性很低的药物。为避免鸡采食

到沾染农药的草菜或虫体中毒，打药7天后再放养，雨天可停5天左右。果园养鸡应备有解磷定和阿托品等解毒药物。果园提倡使用生物源农药、矿物源农药、昆虫生长调节剂等，禁止使用残效期长的农药。

果园地上嫩草是鸡的主要饲料来源，没有草生长鸡就失去绝大多数营养来源，果园养鸡不能使用除草剂。

放养场地不准外人和其他鸡只进入，以防带入传染病。同时要好防止蛇、兽、大鸟等野生动物对鸡的伤害。

⑥ 实行捕虫和诱虫结合　果园内树冠较高的果树会对鸡捕捉害虫有一定影响。为减少虫害发生和减少喷施农药次数，在鸡自由捕食昆虫的同时，使用灯光诱虫。

应用频振杀虫灯，对多种鳞翅目、鞘翅目等多种害虫有诱杀作用。利用糖、醋液中加入诱杀剂诱杀夜蛾、食心虫、卷叶虫等。黑光灯架设地点最好选择在果园边缘且尽可能增大对果园的控制面积。灯诱生态果园害虫宜在晴好天气的19点～24点开灯，既能有效地诱杀害虫，又有利于节约用电和灯具的维护。在树干或主枝上绑环状草把可诱杀多种害虫。

⑦ 防疫　鸡放养后，要根据当地鸡群传染病发生情况进行必要的防疫。一般在放养阶段需要注射鸡新城疫Ⅰ系苗，注射时间在2月龄，注射疫苗时间最好避开放养的第1周，避免鸡产生应激。

⑧ 出栏　鸡出栏后，对果园地里的鸡粪翻土20cm以上，地面用10%～20%的生石灰消毒，以便饲养下一批。

（4）园地养鸡优点　园地养殖的鸡风味独特、品质好、无腥味、味道鲜美，深受消费者欢迎，且价格高，是一种高收益养殖形式。

① 节约耕地　园地空旷地大，且荫凉适宜，空气环境好。在人均耕地较少的情况下，可节约大量耕地及征地费用。

② 提高土鸡的抗病力 由于鸡场建在园地之中，周围被果树及其他植物环绕，植物在生长过程中需要不断地吸收二氧化碳和放出氧气，在这个周而复始的气体交换过程中，植物叶面会吸收大量的病源微生物和灰尘，因而保持了空气的新鲜。而新鲜空气对鸡的正常发育和健康成长极为重要，可提高鸡的抗病力，降低疾病的发生。

③ 净化鸡场周围环境 为了防治病虫害，果树一般每年都需喷洒药物十几次。这些药物少数是高效低毒杀虫药，主要是一些杀菌消毒药。喷洒这些药物后，不但防治了果树病虫害，同时使鸡场周围环境得到了净化消毒。

④ 节约饲料 园地内食料丰富，鸡可以捕食害虫、青草、草籽，扩大了鸡的摄食范围，既能节省部分饲料，又能克服单纯人工饲养易造成的营养不良。鸡自由活动的同时，增强了体质，能有效地防止啄羽、啄肛等不良习性，促进鸡的健康生长，既能改变肉质口味，又能提高蛋鸡的产蛋率。

同时，在果园行间种草或任其自然生草，给鸡提供青绿饲料。以多年生草为好，不必每年播种。适用草种有豆科的白三叶、苜蓿，禾本科的鸭茅、无芒雀麦、黑麦草等，这些草分枝分蘖多，再生性强，适应性强，适口性好。园里的自然生草，应根据鸡的食性，逐渐在日常管理中优胜劣汰。在初夏或雨季，在行间空地和周围播种矮秆小杂粮如荞麦、燕麦、谷子等，这些作物在秋季成熟后能为鸡提供优质的籽实饲料。

⑤ 减少疾病 园地宽大，绿荫遮蔽，清爽阴凉，环境舒适，不易发生疫病。同时果园、山林养鸡离村舍较远，可避免和减少鸡病的互相传染。

⑥ 除草灭虫 鸡有啄食青草和草籽的习性，对杂草有一定的抑制作用。据试验，每亩果园放养 20 只鸡，杂草只有不放养鸡的果园的 20% 左右；鸡数增加，杂草更少。另外，春

季的金龟子、红蜘蛛、象甲、行军虫、枣尺蠖等，夏秋季的蚂蚱、蟋蟀、毛虫、蜘蛛、食心虫、白蚁、金龟子、地老虎等，冬前快入土和已入土的成虫、幼虫、虫卵、蛹等绝大部分被鸡吃掉，从而减轻害虫对果树、山林的危害。

⑦ 提高土壤肥力　鸡生活在园地，鸡粪排放在园地。鸡粪中含氮、磷、钾等树木生长所需要的元素，既可提高土壤肥力，又能促进树木生长，从而可节约肥料，减少买肥、运肥的投资。

2. 山地养鸡

在生态条件较好的丘陵、浅山、草坡地区以放养为主，辅以补饲的方式发展土鸡，投资少，售价高，又符合绿色食品要求，深受消费者青睐，也是一项值得大力推广的绿色养殖实用技术。

（1）山地选择　山地最好有灌木林、荆棘林、阔叶林等，其坡度不宜过大，坡度以低于 30°角最佳，丘陵山地更适宜。附近有无污染的小溪、池塘等清洁水源。

（2）山地养鸡要点

① 山地棚舍的搭建　在放养区找一背风向阳的平地，用油毡、帆布、毛竹等借势搭一坐北朝南的简易鸡舍，也可建一塑料大棚；棚舍能保温、挡风、遮雨、不积水即可。

② 设置围网　山地四周围上 1m 高的渔网、纤维网或丝网，网眼要小，以鸡不能通过为度。

③ 放养规模和季节　山地放养规模以每群 1500～2000 只为宜，放养密度以每亩山地 200 只左右为宜，采用"全进全出制"。放养的适宜季节为晚春到中秋，其他时间，由于气温低，虫草减少，应停止放养。

④ 放养方法　3～4 周龄前与普通育雏一样，选一保温性

能较好的房间进行人工育雏，5周后脱温再转移到山上放养。

为尽早让小鸡养成上山觅食的习惯，从脱温转入山上开始，每天早晨进行上山引导训练。一般要2人配合，1人在前边吹哨开道并抛撒颗粒饲料，让鸡跟随哄抢；另1人在后用竹竿驱赶，直到全部上山。为强化效果，每天中午可以在山上吹哨补食1次。同时饲养员应坚持在棚舍及时赶走提前归舍的鸡，并控制鸡群活动范围，直到傍晚再用同样的方法进行归舍训导。如此训练5～7天，鸡群就建立起了"吹哨-采食"的条件反射，以后只要吹哨召唤即可。

⑤ 防疫　鸡放养后，一般在放养阶段需要注射鸡新城疫Ⅰ系苗，注射时间在2月龄，注射疫苗时间最好避开放养的第1周，避免鸡产生应激。

⑥ 放养管理　开始放养的几天为防应激，可在饲料或饮水中加入一定量的维生素C或复合维生素等。补喂的饲料不加工业原料和饲料添加剂，出笼前3个月不用抗生素和驱虫药。

⑦ 防山洪　雨季一定要及时收听、收看相关部门天气预警、预报，并保持通讯畅通，如有大雨天气，做好防范山洪工作。对相关建筑按规范安装避雷措施。

（3）山地养鸡的优点　因放养于山林中，觅食草、虫，减少饲料投入，降低成本；空气清新，运动充足，增强体质，提高抗病力；减少污染，使资源循环利用；肉质结实，鲜美细嫩，带有土鸡特有的风味，市场销路好。

3. 经济林养鸡

利用经济林放养鸡，要注意的是在地面不见青的情况下，必须投喂青菜、嫩草或人工牧草。同时，要求分小区轮牧。

经济林对于形成局部小气候起决定性的作用。因此，应根据不同季节的气候变化来安排鸡的饲养场所。鸡的生活习性是夏怕热，冬怕冷，最适宜的温度是 18～23℃，最低不应低于7℃，最高不应超过 32℃。

(1) 经济林地的选择　经济林分布范围比较广，树的品种多，有幼龄、成龄的宽叶林、针叶林、乔木、灌木等。夏天宜安排在乔木林、宽叶林、常绿林、成龄树林中；冬天则以安排在落叶、幼龄树林为好，以刚刚栽下的 1～3 年的各种经济林为好。

林地养鸡，必须选择林隙合适、林冠较稀疏、树冠层较高（4～5m）、透光和通气性能较好，而且杂草和昆虫较丰富的林地，有利于鸡苗的生长和发育。据调查，南方家庭式小养鸡场设在桉树林内，其他林地如相思林、灌木林、杂木林等因枝叶过于茂密，遮阴度大，不适合林地养鸡。另外，橡胶林内也是很好的养鸡场所。目前橡胶多采取宽行密株经营方式，虽然树冠浓密，透光度小，但行距大，树冠高（3m 以上），林内空隙较大。许多农场工人在橡胶林内办养鸡场，也获得良好效果。部分省市群众则在马尾松林等林内养殖，也很成功。

经济林养鸡主要是利用树木和阳光的关系，给鸡创造一个比较适宜的生长环境。

(2) 经济林地养鸡要点

① 经济林内鸡舍的搭建　林内养鸡的鸡舍应选在透光度较大、通风透气条件较好的平缓地段。一般养 2 批后即搬迁，以免出现鸡瘟，故多用简易材料如油毡纸（沥青纸）、石棉瓦、竹木等建竹木结构鸡舍。

林内养鸡，鸡苗多在鸡舍附近 50m² 范围内活动，很少超过 100m²。在林地生态散放养鸡过程中，宜采用分区轮牧的形式，将连成片的林地围成几个饲养区，一般可用铁丝网隔离，每次只用 1 个饲养区。轮放周期为 1 个月左右。如此往复形成生态食物链，达到林鸡共生，相互促进，充分利用林地资源，形成良性循环。

② 强化防疫意识　建立健全防疫制度。防疫是林地养鸡健康发展的保障，林地养鸡专业户要主动做好禽流感、新城疫等重大动物疫病的防治工作。如果林地养鸡场没有建立健全的防疫制度，外来人员出入频繁，消毒措施不到位，会给鸡场的发展带来一定的隐患。

鸡舍建成后，用1‰～3‰福尔马林等消毒即可养鸡。第1次成鸡出栏后，彻底清除栏（圈）内及其周围鸡屎及杂物，并用福尔马林等消毒药液消毒，7天后再进鸡苗喂养。若第3次喂养，则与第2次一样清杂消毒后再喂养。一般每个林段喂养2次后搬迁，最多不超过3次，以免导致鸡瘟的发生和蔓延。

③ 谢绝参观　外界对林地的干扰较少，但应注意严格限制外来人员随便进入生产区，尤其要注意养殖同行进入鸡的活动区参观。必要时，一定要对进入人员进行隔离、消毒，方能进入生产区。

④ 翻耕　对轮牧板结的土壤进行翻耕，有利于青绿饲草的生长和利用，而且翻耕日晒可杀死病菌，防止疾病的传播，减少传染病的发生，从而提高成活率和经济效益。

（3）经济林地养鸡的优点

① 在林间实行林草、林禽种养，可有效提高林地效益。

② 投入资金少，成鸡肉质鲜美，市场价格高，经济效益好。

4. 大田养鸡

所谓大田放养，就是雏鸡脱温后，放养于田间，让其自由觅食。大田养鸡也是一项节粮、省工、省钱的饲养方法。

（1）大田的选择　最好选择地势高燥、避风向阳、环境安静、饮水方便、无污染、无兽害的大田。大田放养一般选择玉米田地。大田空气流通、空间大，鸡的运动量大，防疫能力增强，很少生病；害虫都让鸡吃光了，玉米也不用喷药防虫了，而且鸡粪增强了土地肥力，促进玉米增产。

（2）大田养鸡的要点

① 放养时间　放养时间宜选择在春季气温变暖，雏鸡满8周龄后开始放于田间，因为这时候雏鸡已经脱温3周以上，易于成活。此时玉米苗长到60cm左右，雏鸡个子小，吃不到玉米叶。

每亩放养150只左右，晚上适当补饲些粉碎的原粮（按配方搭配其他原料，如麸皮、豆饼、鱼粉、骨粉、石粉等）。放养的时间不能过早和过晚，放养过早，天气寒凉，雏鸡抵抗力差，鸡难以成活；放养过晚，大田饲养时间短，效果不明显。大田饲养宜在春季开始，秋作物收获后结束。

② 设置围网　放养地块四周围上1.5m高的渔网、纤维网或丝网，网眼要小，以鸡不能通过为度。

③ 搭建简易鸡舍　雏鸡放养前，首先要在放养地里搭建一个简易鸡舍，简易鸡舍里设置栖架。

④ 防兽害和药害　兽害及药害事关大田饲养的成败，要格外重视。大田放养地块一般不需喷药防治虫害。如确需喷药，可喷生物农药。或在喷药期间，将鸡关在棚舍内喂养，待药效过后再放养。

⑤ 防疫　鸡放养在田间后，要根据当地鸡群传染病发生情况进行必要的防疫。如果当地传染病发生很少，可以不防疫。一般在放养阶段需要注射鸡新城疫Ⅰ系苗，注射时间也在2月龄。

⑥ 及时供水　大田饲养过程中，要放置足够的水盆或水

槽，供给清洁的饮水。水盆水槽要定期清洗，经常保持不断水，水质要清洁。在阴雨大风等恶劣天气条件下，鸡不能外出觅食，这时候需要及时供食。在最初放养的几天内，对于少部分觅食能力差、体质弱的鸡要另外补喂饲料。

（3）大田养鸡的优点

① 可节约大量饲料。把鸡置于田间，鸡平时自由觅食就能满足自身需要，一般情况下，在田间不需再喂。

② 鸡在田间采食范围广泛，食物多样，如各种害虫、青草、草籽等，生长速度快，产蛋量高。

③ 田间空气清新，食物营养较全面，鸡在田间饲养死亡率较低。

四、养殖季节及放养时间的确定

根据当地的气候条件、雏鸡脱温日龄、放养地的资源情况和市场消费特点综合考虑。

1. 育雏时间

散放生态鸡的饲养必须选择合适的育雏时间，因为育雏时间直接影响到后期鸡在外散放饲养的时间。

育雏在舍内进行，一年四季都可育雏。按季节可分为3～5月进雏为春雏，6～8月进雏为夏雏，9～11月进雏为秋雏，12月至翌年2月进雏为冬雏。考虑0～6周龄育雏结束后，进入室外放养时，外界环境条件主要是气温、植被生长情况，是否达到鸡生长所需的基本条件。初次养鸡，育雏可选在气温较暖和的春季，取得经验后一年四季均可进雏养鸡。

蛋用鸡育雏时间的确定还要根据当地自然条件、出栏计划、市场需求等情况综合确定。蛋用鸡的性成熟期为20周龄前后。选择不同的时间育雏，要考虑产蛋期在室外饲养时间的长短和放养场地中自然饲料的利用情况及市场供求情况等。一般多选择春季育雏。春季气温逐渐升高，白天渐长，雨水较少，空气较干燥，鸡病少，所以春雏生长发育快，成活率高，育成期处于夏秋季节，在室外有充分活动和采食青饲料的机会，鸡性成熟较早，产蛋持续时间长。

肉用鸡的饲养时间一般在 90～150 天，在雏鸡舍内饲养时间不少于 30 天，一般为 30～50 天。室外放养时间不宜过早，否则鸡的抵抗力较弱，对室外环境适应性差，野生饲料的消化利用率低，容易感染疾病，也容易受到野兽侵袭。最好选择 3～5 月育雏，春季气温逐渐上升，阳光充足，对雏鸡生长发育有利，育雏成活率高。雏鸡一般 4 周龄脱温后已到中雏阶段，外界气温比较适宜，舍外活动时间长，可得到充分的运动与锻炼，体质强健，对后期室外放养自由采食、适应环境有利。并且安排好进雏时间，可充分利用外界适宜放养的时间，每年饲养两批。比如在 4 月上旬育雏，5 月中旬放养，7 月中旬出栏；第二批 6 月中旬进雏，7 月中旬放养，9 月底至 10 月初出栏。

2. 放养时间

（1）放养时机的选择　什么时候转入放养阶段应该从以下几个方面考虑。

① 雏鸡的长势　如果雏鸡健康，生长发育正常，可以早些进行放养。

② 气候条件　冬春季节，天气寒冷，保温时间应该长一些，春夏季节，天气暖和，转群放养的时间可以早些，但应在雏鸡脱温后进行。

③ 雏鸡的饲养密度　如果雏鸡饲养密度大，放养应早些。

（2）室外放养时间　南方温暖季节和北方夏秋季节都可以进行生态园放养鸡。白天气温不低于 15℃ 时就可以开始放养，一般夏季 30 日龄、春季 45 日龄、冬季 50～60 日龄就可以开始放养。

放养时间可从 4 月初至 10 月底，外界温度较高，鸡容易适应，并能充分利用较长的自然光照，有利于鸡的生长发育。同时生态园里青草茂盛，虫、蚁等昆虫较多，鸡群觅食范围不需要太大就可采食到充足的野生饲料。公鸡放养 2～3 个月，体重达到 1～1.5kg 上市。母鸡可在当年 9～10 月开产，11 月至次年 3 月则可转到固定鸡舍圈养为主、放牧为辅，产蛋期可达 1 年左右，经济效益较好。

室外放养时间的长短对鸡肉肉质和风味影响很大，作为土鸡上市前通常要求在生态园放养时间不短于 45 天，利于鸡体内风味物质的形成。放养时间短，土鸡风味不足。

第二节　鸡场规划

养鸡场场址选定以后，要根据该生态园区的地形、地势和当地主风向，对鸡场内的各类房舍、道路、排水、排污等地段的位置进行合理的分区规划。同时还要对各种房舍的位置、朝向、间距等进行科学布局。

养鸡场各种房舍和设施的分区规划，主要考虑有利于防疫、安全生产、工作方便，尤其应考虑风向和地势，通过鸡场内建筑物的合理布局来减少疫病的发生。科学合理的分区规划和布局还可以有效利用土地面积，减少建厂的投资，保持良好的卫生环境和管理的高效方便。

养鸡场通常分为生活区、生产区和隔离区。

一、生活区

人员生活和办公区应在场区的上风向和地势较高的地段（地势和风向不一致时，以风向为主）。设在交通方便和有利作业的地方。在2～3个小区的中间，靠近干路和支路处设立休息室及工具库。

生活区应处在对外联系方便的位置。大门前设车辆消毒池。场外的车辆只能在生活区活动，不能进入生产区。

二、生产区

生产区是鸡场的核心。包括各种鸡舍和饲料加工及储存的建筑物。生产区应该处在生活区的下风向和地势较低处，为保证防疫安全，鸡舍的布局应该根据主风向和地势，按照孵化室、雏鸡舍与成年鸡舍的顺序配置。把雏鸡舍放在防疫比较安全的上风向处和地势较高处，能使雏鸡得到较新鲜的空气，减少发病机会。当主风向和地势发生矛盾时，应该把卫生防疫要求较高的雏鸡舍设在安全角（和主风向垂直的两个对角线上的两点）的位置，以免受上风向空气污染。还应按照规模大小、饲养批次、日龄把鸡群分成几个饲养区，区和区之间要有一定的距离。雏鸡舍和成年鸡舍应有一定的距离。

饲料加工、储存的仓库应处在生产区上风处和地势较高的地方，同时与鸡舍较近。由于防火的需要，干草和垫草堆放的位置必须处在生产区下风向，与其建筑物保持60m的安全间距。

三、隔离区

病鸡的隔离、病死鸡的尸坑、粪污的存放等属于隔离区，应在场区的最下风向、地势最低的位置，并与鸡舍保持300m以上的安全间距。处理病死鸡的尸坑应该严密隔离。场地有相应的排污、排水沟及污、粪水集中处理设施（用于果林灌溉或化粪池净化）。隔离区的污水和废弃物应该严格控制，防治疫病蔓延和污染环境。

鸡场内的道路分人员出入、运输饲料用的清洁道（净道）和运输粪污、病死鸡的污物道（污道），净道、污道分开与分流明确，尽可能互不交叉。

四、防护设施

生态养殖区界线要划分明确，规模较大的养殖场四周应建较高的围墙或挖深的防疫沟，以防止场外人员及其他动物进入场区。在生态养殖区场大门及各区域、鸡舍的入口处，应设相应的消毒设施，如车辆消毒池、脚踏消毒槽或喷雾消毒室、更衣换鞋间等。车辆消毒池长应为通过最大车轮周长的1.5倍。生态养殖园区要饲养护场犬，并训练其保护鸡群和阻止外人进入。除养犬外还应有人专门值班看守。

第三节　鸡舍的建筑类型和修建

散养在生态园区的鸡也需要建鸡舍，供鸡晚上休息、过夜。鸡如果在外面过夜，可能会遇到刮风、下雨、打雷等异常天气，鸡受到的应激比较大，容易患病；也有可能遇到狐狸、黄鼠狼等天敌，回鸡舍可以避免天敌的伤害。

一、鸡舍的基本要求

1. 鸡舍的位置适当

鸡舍要建在地势较高、地面干燥、易于排水的地方，下雨不致发生水灾，容易保持干燥，如果自然条件不能满足，应垫高地基和在鸡舍四周挖排水沟。注意选择在比较安静的地方，避开交通要道，人员往来不能过于频繁。鸡舍建在高大的乔木树下、果树林中或林地边，鸡舍面向放牧场的果林、树林。

2. 鸡舍地面清洁、干燥

要做好防潮处理，同时要高于鸡舍外地面 $25\sim30cm$，最好为水泥地面，并呈一定坡度，以便于消毒、向舍外排污和清理粪便。或使用网上养鸡，鸡不与粪便接触，减少疾病传播机会。

3. 良好的通风和温度调节能力

放养季节能够调节鸡舍的门窗进行适量通风换气，保持鸡舍空气新鲜和环境条件适宜。在放养地建育雏舍，一定要注意加强鸡舍保温隔热的能力。可以利用一些价廉的保温隔热材料，如塑料布等设置鸡棚，隔离出一些小的空间来增加鸡舍的保温性能。鸡舍北墙和西墙等处适当加厚，或在鸡舍屋顶铺设一些玉米、高粱秸秆等，用泥密封等措施，都有利于鸡舍保温和隔热。

4. 安全性能好

鸡舍和饲料间的门窗要安装铁丝网，防止鸟类和野生动物进入鸡舍和料间，侵害鸡只和糟蹋饲料。

二、鸡舍的布局

1. 朝向

朝向指鸡舍用于通风和采光的窗户和门的方向。鸡舍的朝向与鸡舍的采光、保温和通风等环境效果有关。朝向的选择应根据当地的地理位置、气候条件等来确定。适宜的朝向要满足鸡的光照、温度和通风要求。北方地区，冬春季风向多为西北风，鸡舍以南向为好。

2. 间距

间距是两栋相邻鸡舍纵墙之间的距离。鸡舍合理的间距是鸡群防疫隔离的条件，能减少鸡舍之间的相互感染。鸡舍间距过小影响鸡舍通风和采光的效果。综合考虑以上因素，鸡舍的间距应保持房檐高度的3～5倍，就能满足鸡舍的光照、通风和防疫要求。若距离过大，则会占地太多、浪费土地，增加道路、管线等基础设施投资，管理也不便。若距离过小，会加大各舍间的干扰，对鸡舍采光、通风、防疫等不利。

3. 跨度和长度

鸡舍的跨度一般不宜过宽。靠窗户自然通风，其鸡舍跨度以6～10m为宜，这样舍内空气流通较好。鸡舍的长度没有严格的限制，考虑到工作方便和饲养方式，一般以20～50m为宜。鸡舍的总面积依鸡的数量确定。

4. 高度

鸡舍高度根据饲养方式、鸡舍大小、气候条件而定。一般鸡舍的净高（从地面到屋檐或天棚的距离）为 $2\sim2.4m$。炎热的地区，可增高到 $2.5m$ 左右，加大鸡舍高度可以加强鸡舍的通风，缓和高温的影响。在寒冷地区，鸡舍的高度适当降低有利于保温。考虑人的进出和管理方便，鸡舍高度不能低于 $2m$。

5. 鸡舍数量和面积

根据放养场地的面积和养鸡的规模、饲养密度确定修建鸡舍的数量。一般鸡舍之间间隔 $15\sim20m$，每个鸡舍容纳 $300\sim500$ 只青年鸡或 $200\sim300$ 只成年鸡。通常地面平整情况下，雏鸡、中鸡和蛋鸡饲养密度，$0\sim3$ 周龄为每平方米 $20\sim30$ 只，$4\sim9$ 周龄为每平方米 $10\sim15$ 只，$10\sim20$ 周龄为每平方米 $8\sim12$ 只，20 周龄后为每平方米 $6\sim8$ 只。如果设置的鸡舍数量较少，或鸡舍之间距离过近或连在一起，容易造成鸡只集中在一个范围觅食，造成过度放牧，植被破坏，影响鸡的生长，使鸡容易患病。

6. 鸡舍屋顶形式

鸡舍屋顶形状较多，有单坡式、双坡式、双坡不对称式、拱式、平顶式、钟楼式和半钟楼式等。一般最常采用双坡式，也可以根据当地的气候环境采用单坡式。单坡式鸡舍一般跨度较小，适合小规模的养鸡场；双坡式鸡舍跨度较大，适合较大规模的鸡场。在南方干热地区，屋顶可高些以利于通风。北方寒冷地区可适当降低鸡舍高度以利于保温。

7. 鸡舍地面

雏鸡舍地面平养时应铺设垫料。或利用网上饲养，也可立体笼养育雏。

成年鸡舍地面可设置架床。铁架床结实耐用，而且便于清理打扫。要注意网眼大小合适，使鸡的脚不会卡在里面，并且要磨平，防止扎伤鸡。使用竹架床时弹性大，鸡喜欢扎堆生活，时间一长，竹架容易被压变形。

三、鸡舍的类型和特点

在进行鸡舍建筑设计时，可以根据情况选择鸡舍的类型，既考虑为鸡提供良好的生长发育和繁殖的环境条件，又考虑降低造价、减少投资。应该根据养鸡的实际情况而定，切忌在建设鸡舍时盲目高要求、大投入，也不要过于忽视鸡舍的建造，随意搭建。

1. 完全开放式鸡舍

完全开放式鸡舍是能充分利用自然条件、辅以人工调控或不进行人工调控的鸡舍类型。完全开放式鸡舍也称敞棚式鸡舍，鸡舍只有端墙或四面无墙。鸡舍可以起到遮阳、避雨及部分挡风的作用。有的地区为了克服其保温能力差的弱点，可以在鸡舍前后加卷帘，利用温室效应，使鸡舍夏季通风好，冬季能保温。完全开放式鸡舍用材少，造价低，适于炎热地区及温暖地区。我国南方地区天气炎热，多使用完全开放式鸡舍。

2. 半开放式鸡舍

三面有墙，正面全部敞开或有半截墙。一般敞开部分朝南,冬季有阳光进入鸡舍,夏季只照到屋顶。有墙的部分在冬季可挡风。一般在冬季可加卷帘、塑料薄膜等形成封闭状态,改善舍内温度。

3. 有窗式封闭鸡舍

这种鸡舍通过墙、窗户、屋顶等围栏式结构形成全封闭状态,有较好的保温和隔热能力,通风和采光依靠门、窗或通风设施。特点是防寒较易做到,而防暑较困难。另外,鸡舍舍内温度分布不均匀,应该根据鸡的特点合理安置在恰当的位置。有窗式鸡舍的窗户要安装铁丝网,以防止飞鸟和野兽进入鸡舍。有窗式鸡舍最多见,适合北方地区育雏舍。

四、鸡舍建造

普通鸡舍一般为砖瓦结构,常用于育雏、放养鸡越冬或产蛋鸡。

1. 育雏鸡舍

育雏鸡舍是饲养从出壳到 3~6 周龄雏鸡的鸡舍。设计育雏鸡舍时主要要求鸡舍有好的保温能力,地面容易保持干燥,通风良好。平面育雏的育雏鸡舍,舍高 2.3~2.5m,跨度 6~9m。多层笼养育雏鸡舍,墙高可设计得高一些,以 2.8m 为宜。育雏鸡舍不易过高,否则不利于保温。

育雏鸡舍的屋顶最好设天棚(又叫顶棚、天花板),天棚是将鸡舍与屋顶下的空间隔开的结构,能够加强鸡舍冬季保温和夏季隔热能力,也有利于通风换气。常用的天棚材料有胶合板,也可以用草泥、芦苇、草席等做成简易的天棚。天棚结构必须严密,不透水、不透气是保温隔热的重要保证,建造时常被忽视。有天棚的笼养鸡舍高一般为2.7～3.0m。笼顶到吊顶的垂直距离应保持1.0～1.3m，以利于通风排污。一般以每平方米30只雏鸡计算育雏鸡舍面积。

2. 生长育肥鸡舍

生长育肥鸡舍主要用于放养时鸡夜间休息或避雨、避暑。生长育肥鸡舍要特别注意通风换气，否则舍内空气污浊，导致优质鸡增重减缓，饲养期延长。

园地、林地放养时鸡舍建筑可就地取材，因陋就简。生长育肥鸡舍的面积大小、长度和高度一般都随饲养的规模、饲养的方式、饲养的品种不同而异。

（1）塑料大棚 塑料大棚鸡舍可就地取材。棚的左侧、右侧和后侧为墙壁，可用土、土坯、砖或石头砌墙，前坡用竹条、木板或钢筋做成弧形拱架，外覆塑料薄膜，搭成三面为墙、一面为塑料薄膜的起脊式鸡舍。

一般鸡舍的后墙高1.2～1.5m，脊高为2.2～2.5m，跨度6m，脊到后墙的垂直距离为4m。塑料薄膜与地面、墙的连接处，要用泥土压实，防止贼风进入。在薄膜上每隔50cm，用绳将薄膜捆牢，防止大风将薄膜刮掉。棚舍内地面可用砖垫起30～40cm。

棚舍的南部要设置排水沟，及时排出薄膜表面滴落的水。棚舍北墙每隔3m设置1个窗户，在冬季时封严，夏季时逐渐打开。设在棚舍的东侧，向外开。棚内还要设置照明设施。塑料大棚的优点是投资少，节省能源，缺点是管理维护麻烦、潮湿和不防火等。

（2）简易鸡舍 主要在夏秋季节为鸡提供遮风避雨、晚间休息的场所。棚舍材料可以用砖瓦、竹竿、木棍、角铁、钢管、油毡纸、石棉瓦以及篷布、编织袋、塑料布等搭建。棚舍四周要留通风口，要求棚舍保温挡风、不漏雨、不积水。用木桩做支撑架，搭成2m高的人字形屋架，四周用塑料布或饲料袋围好，屋顶铺上油毛毡，地面铺上稻草，鸡舍四面挖出排水沟。

这种简易鸡舍投资省，建造容易，便于撤除，适合小规模果园养鸡或轮牧饲养法。

（3）移动型鸡舍　移动型鸡舍适用于喷洒农药和划区轮牧的果园、草场等场地，用于放养期间的青年鸡或产蛋鸡。

整体结构不宜太大，要求相对轻巧且结构牢固，2～4人即可推拉或搬移。主要支架材料采用木料、钢管、角铁或钢筋，周围用塑料布、塑编布、篷布均可，注意要留有透气孔。内设栖架、产蛋窝。支架要求坚固，若要推拉移动，底架下面要安装直径50～80m的滑轮，车轮数量和位置应根据移动型棚舍的长宽合理设置。每一栋移动型棚舍可容纳100～150只青年鸡或80～100只产蛋鸡。移动型棚舍开始时鸡不适应，应注意调教驯化。

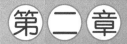

第二章
散养鸡品种

　　散养的生态鸡是将传统方法和现代技术相结合，根据饲养区域特点，在山地、林地、果园等地规模化养鸡，以放养为主、舍饲为辅的饲养方式，因其生长环境较为粗放，故应选择适应性强、抗病力强、耐粗饲、勤于觅食的土鸡进行饲养。所谓土鸡就是具有当地特色的地方品种。中国幅员广阔，各地都有本地特色品种，在选择散养鸡品种时应注意以下三个方面。

　　（1）具有较强的适应性、耐粗饲，抗病力强　散养鸡的环境要比舍饲环境差，是在林地、果园和山场等生态园区。外界环境条件不稳定，气候变化异常，饲养管理粗放，鸡在野外自由活动接触病菌机会增多。所以要求散养鸡具有较强的适应性、耐粗饲，抗病力强。

　　（2）觅食性强，体重和体型要适中　散养鸡的目的在于改善鸡肉在品质和节省部分饲料。林地、果园和山场等生态园区有一些昆虫和草籽等可作为饲料资源，减少了饲料成本的同时，还改善了产品的质量。野生植物、昆虫可改变蛋黄颜色，降低鸡肉中胆固醇的含量。要充分利用这些资源，白天要靠鸡自由采食，这就要求鸡只要灵活好动，觅食性强，才能采食到足够的食物，保证正常发育，并最大限度地减少饲料成本。

（3）以市场需求为宗旨，因地制宜　我国各地的饮食和风俗习惯差异较大。不同地区对鸡肉和鸡蛋的需求是不一样的。可根据当地市场消费需要，选择适合当地饲养的优良品种。南方比较喜欢褐色和粉色蛋壳的鸡蛋，在选择饲养蛋鸡品种时要注意这一点。

消费者对肉质的品质要求也越来越高，绿色、有机的鸡肉更受消费者的青睐。厌倦了少"鸡味"的饲料鸡、圈养鸡，追求的是口感好、野味浓、营养价值高、无公害的散养鸡。

还有一点在选择鸡品种时要注意，即羽色和体重。像羽毛鲜艳、个头相对小的比较受欢迎。宜选择黑羽、红羽、麻羽或黄羽青脚等地方品种特征明显的鸡种，容易被消费者认可。根据市场需求也可饲养一些经济类的，如药用丝毛乌骨鸡；作为观赏和肉用的珍珠鸡、山鸡、火鸡等。

第一节　散养鸡的分类

按照标准分类法，可把散养鸡分为肉用型、蛋用型、兼用型和专用型四种类型。

一、肉用型品种

肉用型品种鸡以产肉为主。肉用型鸡体型大，体躯宽，胸部肌肉发达，鸡冠较小，颈短而粗，腿短骨粗，肌肉发达，外形呈桶状，羽毛蓬松，性情温驯，动作迟钝，生长迅速，容易育肥，但觅食能力差，成熟晚，产蛋量低。如清远麻鸡、惠阳胡须鸡、桃源鸡、溧阳鸡、武定鸡、杏花鸡、霞烟鸡、河田鸡等。

二、蛋用型品种

蛋用型品种鸡以产蛋为主，包括培育蛋鸡品种和地方蛋鸡品种。蛋用型鸡体躯较长，后躯发达，皮薄骨细，肌肉结实，羽毛紧密，鸡冠发达，活泼好动。开产早（150～180天开产），产蛋多（年产蛋200～300枚），一般没有抱性，抗病能力弱，肉质较好，蛋壳较薄。如仙居鸡、汶上芦花鸡、白耳黄鸡、济宁百日鸡等。

三、兼用型品种

介于肉用型品种与蛋用型品种之间，肉质较好，产蛋较多，一般年产蛋约160～200枚。当产蛋能力下降后，肉用经济价值也较大。这种鸡性情比较温顺，体质健壮，觅食能力较强，仍有抱性。如狼山鸡、浦东鸡（九斤黄）、寿光鸡、庄河大骨鸡、萧山鸡、固始鸡、北京油鸡、林甸鸡、峨眉黑鸡、静原鸡等。

四、专用型品种鸡

专用型品种鸡是一种具有特殊性能的鸡，无固定的体型，一般是根据特殊用途和特殊经济性能选育或由野生驯化而成的，如集药用与观赏价值于一身的丝毛乌骨鸡；作为观赏和肉用的珍珠鸡、山鸡、火鸡；作为观赏用的长尾鸡、斗鸡等。

第二节　散养鸡品种介绍

一、清远麻鸡

主产地在广东省清远县，属肉用型品种。它以体型小，皮下和肌间脂肪发达，皮薄骨软而著名。该产品无论使用何种烹饪方式，都会表现出皮脆、肉香、有劲道、味甜等农村土鸡身上应有的特点。

外貌特征，可概括为"一楔""二细""三麻身"。"一楔"指母鸡体型象楔形，前躯紧凑，后躯圆大；"二细"指头细、脚细；"三麻身"指母鸡背羽面主要有麻黄、麻棕、麻褐三种颜色。公鸡颈部长短适中，头颈、背部的羽金黄色，胸羽、腹羽、尾羽及主翼羽黑色，肩羽、蓑羽枣红色。母鸡颈部长短适中，头部和颈前三分之一的羽毛呈深黄色。背部羽毛分黄、棕、褐三色，有黑色斑点，形成麻黄、麻棕、麻褐三种。单冠直立。胫趾短细、呈黄色。

主要生产性能，成年体重公鸡约为 2180g，母鸡约为1750g。180 日龄屠宰率，母鸡半净膛约 85.0%，全净膛约75.5%；公鸡半净膛约 83.7%，全净膛约 76.7%。开产日龄 150～210 天，年产蛋约 78 枚，蛋重约 47g，蛋壳呈浅褐色。本产品是用特殊小型品种的鸡饲养，成年体重 2.5～3kg，适合现代小型家庭消费，为我国活鸡出口的小型肉用品种之一。

二、杏花鸡

主产地在广东省封开县替花，因新中国成立后易名杏花乡而得名，当地又称"米仔鸡"，属肉用型品种。它具有早熟、易肥、皮下和肌间脂肪分布均匀、骨细皮薄、肌纤维纫嫩等特点。属小型肉用优质鸡种，是我国活鸡出口经济价值较高的名产鸡种之一。

外貌特征 杏花鸡体质结实，结构匀称，被毛紧凑，前躯窄，后躯宽。其体型特征可概括两细、三黄、三短，即头细、骨细；嘴黄、毛黄、脚黄；身短、颈短、腿短。公鸡头大，冠大直立，冠、耳叶及肉垂鲜红色。虹彩橙黄色。羽毛黄色略带金红色，主冀羽和尾羽有黑色。母鸡头小，喙短而黄。单冠，冠、耳叶及肉垂红色。虹彩橙黄色。体羽黄色或浅黄色，颈基部羽多有黑斑点，形似项链。主、副冀羽的内侧多呈黑色，尾羽多数有几根黑羽。

主要生产性能 成年体重公鸡为 1950g，母鸡为 1590g。112 日龄屠宰率，公鸡半净膛为 79.0%，全净膛为 74.7%；母鸡半净膛为 76.0%，全净膛为 70.0%。开产日龄 150 天，年平均产蛋为 95 枚，蛋重 45g 左右，蛋壳褐色。杏花鸡因皮薄且有皮下脂肪，故细腻光滑加之肌间脂肪分布均匀，适宜做白切鸡。制作时，将鸡宰好洗干净，置于摄氏 90℃微沸的开水中浸熟，皮呈金黄色，油光闪亮，吃起来有清、鲜、甜、爽、骨香之感。

三、芦花鸡

主产地在山东汶上县的汶河两岸，故又名为汶上芦花鸡，属蛋用型品种。汶上芦花鸡体型偏瘦，皮薄，皮下脂肪少，吃着味道比较嫩滑，不腻嘴。

外貌特征　颈部挺立，稍显高昂。前躯稍窄，背长而平直，后躯宽而丰满，腿较长，尾羽高翘，体形呈元宝状。横斑羽是该鸡外貌的基本特征，全身大部分羽毛呈黑白相间、宽窄一致的斑纹状。母鸡头部和项羽边缘镶嵌橘红色或土黄色，羽毛紧密，清秀美观；公鸡项羽和鞍羽多呈红色，尾羽呈黑色带有绿色光泽。头型多为平头，冠形以单冠最多，喙基部为黑色，边缘及尖端呈白色。虹彩以橘红色为最多，土黄色为次之。胫色以白色为主，爪部颜色以白色最多，皮肤颜色均为白色。

主要生产性能　成年体重公鸡约为 1.40kg、母鸡约为 1.26kg。雏鸡生长速度受饲养条件，育雏季节不同有一定差异。到 4 月龄平均体重公鸡 1180g，母鸡 920g。羽毛生长较慢，一般到 6 月龄才能全部换成成年羽。公鸡全净膛屠宰率约 71.21%，母鸡全净膛屠宰率约 68.9%。开产日龄 150～180 天，在农村一般饲养条件下，年产蛋 130～150 枚，在较好的饲养条件下，可达 180～200 枚，平均蛋重 45g。蛋壳颜色多为粉红色，少数为白色。

四、庄河大骨鸡

庄河大骨鸡主产地在大连庄河市境内。"庄河大骨鸡"又名"庄河鸡"，是我国著名的肉蛋兼用型地方良种。早在 200 多年前，清朝乾隆年间，随着山东移民大量迁入庄河，带来了山东寿光鸡和九斤黄鸡与当地土鸡杂交，又经过老百姓多年选育而成庄河大骨鸡。具有体大、蛋大、毛色艳丽、肉味鲜美的特点。庄河大骨鸡适合放牧饲养，以觅食昆虫、草籽为主，抗病力强，耐粗饲，是辽宁省畜牧业"四大名旦"之一。

外貌特征　成年公鸡羽毛火红色，尾羽黑而亮丽，体躯高大，雄壮有力。成年母鸡羽毛麻黄或草黄色。

主要生产性能　成年公鸡体重最大可达5.5kg，成年母鸡体重最大可达3.5kg。310天屠宰率平均70%～75%。开产日龄180天，放牧饲养年产蛋150～160枚，蛋重65～75g。

五、固始鸡

主产地在河南省固始县。肉蛋兼用型地方品种。擅长野外散放，捕食青草、昆虫，体形适中。成活率高，适合山地树林散养。

外貌特征　青脚麻羽，体形呈三角形，腿细长，青嘴。体型中等，外观清秀灵活。公鸡羽色呈深红色和黄色。母鸡羽色以黄色和淡黄色为主。

主要生产性能　185天母鸡体重1.5～1.7kg，公鸡体重1.5～2.0kg。体形匀称，采食量低，一只鸡半年采食量不超过9kg，而且以原粮为主，每天以适量营养的全价饲料外不需其他任何饲料喂养。180日龄屠宰率，公鸡半净膛约为81.8%，母鸡半净膛约为80.2%；公鸡全净膛约为73.9%，母鸡全净膛约为70.7%。固始土鸡产蛋率较高，一般开产日龄150天。正常鸡蛋的重量在48g左右，年产蛋141枚左右。固始鸡蛋品质特别好，蛋壳颜色呈褐色，蛋黄颜色深而大，蛋清稠且富含多种人体必需元素，氨基酸含量高出其他品种鸡蛋的许多倍，适口性好。

六、寿光鸡

主产地在山东省寿光县稻田乡一带，以慈家村、伦家村饲养的鸡最好，所以又称慈伦鸡，属蛋肉兼用型品种。寿光鸡有大型和中型两种，还有少数是小型的。

外貌特征　全身黑羽并有绿色光泽，公鸡红色单冠，眼大灵活，体大脚高，骨骼粗壮，体长胸深，背宽而平，脚粗。虹彩呈黑色或褐色，喙、胫、趾为黑色，皮肤白色。母鸡冠形有大小之分，喙、胫、趾灰黑色，皮肤白色。

主要生产性能　大型成年公鸡平均体重 3.8kg，母鸡3.1kg；中型成年鸡公 2.9kg，母 2.3kg。成年鸡屠宰率测定，大型鸡半净膛，公鸡 83.7％，母鸡 80.3％；中型鸡半净膛，公鸡 83.7％，母鸡 77.2％；大型鸡全净膛，公鸡 72.3％，母鸡 65.6％；中型鸡全净膛，公鸡 71.8％，母鸡 63.2％。大型鸡开产日龄 240～270 天，中型鸡 190～210 天。大型鸡年产蛋90～100 枚；中型鸡 120～150 枚。大型鸡蛋重 65～75g，中型鸡蛋重 60～65g。蛋壳呈褐色。

七、北京油鸡

原产地在北京城北侧安定门和德胜门外的近郊一带，北京油鸡以肉味鲜美、蛋质优良著称，是一个优良的肉蛋兼用地方鸡种。20 世纪 50 年代期间，北京油鸡也曾输出到东欧国家。

外貌特征　羽色呈淡黄或土黄色。冠羽、胫羽、髯羽也很明显，很惹人喜爱。成年鸡羽毛厚而蓬松。公鸡羽毛色泽鲜艳光亮，头部高昂，尾羽多为黑色。母鸡头、尾微翘，胫略短，体态敦实。北京油鸡羽毛较其他鸡种特殊，具有冠羽和胫羽，有的个体还有趾羽。不少个体下颌或颊部有髯须，故称为"三羽"（凤头、毛腿和胡子嘴）。

主要生产性能　北京油鸡的生长速度缓慢，屠体皮肤微黄，紧凑丰满，肌间脂肪分布良好、肉质细腻，肉味鲜美。20

周龄的公鸡体重约为 1.5kg、母鸡体重约为 1.2kg。成年鸡的体重，公鸡约 1.8kg，母鸡约 1.6kg；屠宰率测定，半净膛公鸡约 83.5%，母鸡约 70.7%；全净膛公鸡约 76.6%，母鸡约 64.6%。开产日龄 170 天，年产蛋 120 枚左右，蛋重约 54g，蛋壳颜色为淡褐色。

八、珍珠鸡

珍珠鸡品种主要有三类，一是分布在索马里、坦桑尼亚的"大珠鸡"；二是分布在非洲热带森林的"羽冠珠鸡"；三是"灰顶珠鸡"，它包括带有蓝色肉髯和红色肉髯两种类型。"灰顶珠鸡"已培育出灰色珠鸡、白珠鸡、淡紫色珠鸡及它们之间的杂交鸡种等许多品种。我国通常所说的珍珠鸡主要是指灰色珠鸡类型，灰色珠鸡是饲养量最大的品种，如法国伊莎珠鸡。

外貌特征　头较小，体长 50～55cm，喙前端呈淡黄色，后部红色，下方左右各有一个红色肉髯，面部为淡青紫色，眼部四周无毛，颈细长，珍珠鸡全身羽毛灰色，并有规则的圆形白点，形如珍珠，故有"珍珠鸡"之美称。珍珠鸡形体圆矮，没有鸡冠，头顶部无毛，而有角质化突起，称之头盔，尾部羽毛较硬略垂。雌雄珍珠鸡羽毛相同，一般雄性个体较雌性稍大，腿高，雄性肉冠耸起较高，肉髯也略大，接近性成熟雄鸡鸣叫短促而激昂。珍珠鸡外观似雌孔雀。脚短，小时脚红色，成年后呈灰黑色，行走迅速。

主要生产性能　珍珠鸡肉质细嫩、营养丰富、味道鲜美。与普通肉鸡相比，蛋白质和氨基酸含量高，而脂肪和胆固醇含量很低，是一种具有野味的特禽。成年公鸡体重 3.2～4.1kg；成年母鸡体重 2.2～2.6kg。屠宰率测定，公鸡半净膛 91%，母鸡半净膛 83%。开产日龄 190d，年产蛋 285 枚，蛋重 35～

42g，壳褐色、有少许斑点。

九、丝毛乌骨鸡

丝毛乌骨鸡，又称泰和鸡，原产地在江西省泰和县。属观赏和药用型鸡种。乌鸡肉质细嫩，味鲜可口，营养丰富。具有很高的滋补、药用功效，有养阴退热、滋肝补肾、益气血之作用。

外貌特征　其体型为头小、颈短、脚矮、结构细致紧凑、体态小巧轻盈。其外貌具十大特征，也称"十全"，即桑葚冠、缨头、绿耳、五爪、毛脚、胡须、丝羽、乌皮、乌骨、乌肉。乌皮指全身皮肤以及眼、脸、喙、胫、趾均呈乌色。乌肉指全身肌肉略带乌色，内脏及腹脂膜均呈乌色。乌骨是骨质暗乌，骨膜深黑色。

主要生产性能　不同产区在不同饲养条件下其体重存在较大差异。成年公鸡体重为 2.0～3.5kg，母鸡相应小一些为 1.0～2.0kg。屠宰率测定，公鸡半净膛屠宰率约为 88.4%，母鸡约为 84.2%；公鸡全净膛屠宰率约为 75.9%，母鸡约为 69.5%。开产日龄为 170～195 天，年产蛋为 75～160 枚，蛋重为 38～48g。

十、石岐杂鸡

石岐杂鸡是改良培育品种，是香港有关部门由广东惠阳鸡、清远麻鸡和石岐鸡与引进的新汉县、白洛克、科尼什等外来鸡种杂交改良而成。其肉质与惠阳鸡相似，而生长速度和产蛋性能比上述三个地方鸡种好很多。石岐杂鸡于 1979 年引入深圳，目前在广东省内外一些鸡场扩大饲养，已成为广东向各地出口黄鸡的主要鸡种，目前已经牢牢占领了港澳地区的活鸡市场。

外貌特征：具有三黄鸡黄毛、黄皮、黄脚，短脚、圆身、薄皮、细骨、肉厚、味浓等特征。

主要生产性能：母鸡年产蛋120～140枚，当母鸡饲养至110～120天平均体重就能达到1.75kg以上，公鸡2.0kg以上。全期料肉比（3.2～3.4）∶1。青年小母鸡半净膛屠宰率为75%～82%，胸肌占活重的11%～18%，腿肌占活重的12%～14%。

十一、江村黄鸡

江村黄鸡是由广州江村禽业发展公司选育。江村黄鸡头部较小，鸡冠鲜红直立，嘴黄而短，羽毛浅黄色，被毛紧贴。色泽鲜艳，体短而宽，肌肉丰满，肉质细嫩，鸡味鲜美，是制作白切鸡的优良鸡种。江村黄鸡商品代公鸡63日龄平均体重1.5kg，饲料转化率2.3∶1，母鸡100日龄体重1.7～1.9kg，料肉比2.9∶1。

十二、粤黄鸡

粤黄鸡是华南农业大学动物科学系和广东家禽科学研究所合作选育的优质黄羽肉用种鸡近交系。粤黄鸡外貌"三黄"，肉用鸡体型，年均产蛋100枚。大群生产条件下，每只母鸡年产蛋85枚左右，平均蛋重51.1g。商品代90日龄公鸡平均活重1.41g，母鸡1.17kg。

十三、岭南黄鸡

岭南黄鸡是由广东省农业科学院畜牧研究所家禽研究室经

多年选育而成。从 1985 年开始，先后选育出 7 个配套品系，并配套生产出岭南黄中速型、快大型、优质型，其中优质型父母代母系为矮小型鸡。岭南黄鸡羽毛纯黄，尾羽较长，体呈方形。商品代公母鸡平均体重中速型 70 日龄 2.0kg，快大型 60 日龄 2.0kg，优质型 90 日龄 2.0kg。岭南黄鸡具有生产性能高，适应性强，体型外貌美观，"三黄"特征明显，肉质好等优点，受到饲养者及消费者好评。

十四、华青麻鸡

华青麻鸡是上海华青曾祖代场培养的优质肉鸡。该品种在安卡红快大肉鸡的基础上结合了我国地方鸡种高产蛋鸡的遗传基因，其外形特征与草鸡相似，具有草鸡的野性，而且生长速度快，产蛋率高，饲料转化率高。华青麻鸡的经济饲养期为 68 周龄，0～8 周为育雏期，9～18 周为育成期，19～68 周为产蛋期。

十五、绿壳蛋鸡

因产绿壳蛋而得名，其特征为五黑一绿，五黑即黑毛、黑皮、黑肉、黑骨、黑内脏，集天然黑色食品和绿色食品为一体，是世界罕见的珍禽极品。该鸡种抗病力强，适应性广，喜食青草菜叶，饲养管理、防疫灭病和普通家鸡没有区别。绿壳蛋鸡体形较小，结实紧凑，行动敏捷，匀称秀丽，性成熟较早，产蛋量较高。成年公鸡体重 1.5～1.8kg，成年母鸡体重 1.1～1.4kg，年产蛋 160～180 枚。该鸡种具有明显高于普通家鸡抵御环境变化的能力，南北均可养殖。

十六、林甸鸡

　　主产地黑龙江，兼用型品种。体型中等，头部、肉垂、冠均较小，单冠为主，少数玫瑰冠，有的鸡生羽冠或胡须，喙胫趾黑色或褐色，胫细少数有胫羽，皮肤白色，羽毛深黄、浅黄及黑色。成年公鸡体重约 1.74kg，母鸡约 1.27kg，开产日龄210 天左右，年产蛋量 150～160 枚，蛋较大，平均蛋重 60g。蛋壳浅褐色或褐色。

雏鸡的饲养管理

雏鸡幼小，抵抗力差，不能直接进入生态养殖区饲养。5～6周前进行人工育雏，脱温后转移到生态养殖区放养，因此一定要抓好育雏期的管理，为以后生长奠定基础。

第一节　雏鸡的育雏方式与育雏前的准备

一、育雏方式

育雏方式可选择平面育雏和立体育雏。常见平面育雏的方法有网上育雏、垫料育雏、发酵床育雏。网上育雏或立体育雏，整齐度好，不易得病。

1. 平面育雏（图 3-1）

在同一个平面上散放饲养鸡雏，就叫平面育雏。下面介绍垫料育雏和网上育雏。

（1）垫料育雏　在鸡舍地面上铺设垫料来育雏鸡的方法称为垫料育雏。垫料要选择吸水性好、没有霉变的原料，如麦

图 3-1 平面育雏

秸、稻草、锯末等，在使用前 1 周要在太阳下晾晒 2~3 天。一般在育雏舍地面上铺设 5~6cm 厚的垫料，使雏鸡自由在上面活动、采食、饮水；2 周后增加垫料到 15~20cm。垫料要保持松软干燥，在育雏结束时一次性清除垫料。地面平养投资少，适合不同条件和类型的鸡舍。缺点是鸡与粪便接触易患病，房舍空间利用率低。使用垫料育雏有常换法和厚垫料法两种。

① 常换法　将育雏鸡舍地面清扫干净、消毒后，在地面铺设 3~5cm 厚垫料，垫料潮湿、污浊后经常更换。

② 厚垫料法　在地面铺 5~6cm 厚的垫料，过一段时间在原来的垫料上再铺加一些新垫料，直至厚度达到 15~20cm 为止。育雏期间不更换垫料，直至育雏结束后一次清除。

垫料要求质地良好、清洁、干燥，禁用发霉、潮湿的垫料，厚垫料育雏时垫料内微生物发酵、产热，可产生维生素 B_{12}，厚垫料育雏时雏鸡不会缺乏维生素 B_{12}。缺点是鸡粪积存时间长，氨气浓度高，鸡接触病菌后患病率较高。尤其是当垫料潮湿时，容易感染。

（2）网上育雏（图 3-2）　即雏鸡离开地面养在铁丝网、塑料网上。一般使用角铁、竹木等搭设 80～100cm 高的架子，在架子上铺设金属网或硬塑料网，并用网栏将网分隔成宽 1～1.2m 的小栏以便于管理。3 日龄前，网底可用单棉纱布铺垫。优点是不用铺设垫料，雏鸡不与粪便接触，可减少病原感染的机会，尤其可以大大减少鸡球虫病暴发的危险，同时由于饲养在网上，提高了饲养密度，可减少鸡舍建筑面积。但鸡不能直接与地面、垫料接触，不能自己觅食微量元素，要求鸡日粮中微量元素全面，含量高，对鸡舍的通风换气要求也较高。

图 3-2　网上育雏

2. 立体育雏（笼养）

立体育雏（图 3-3）是用分层育雏笼育雏，多采用 3～5 层叠层式排列，一般底层离地 40cm 左右，每层高度约 33cm，两层笼具间设承粪板。每层笼子四周用铁丝、竹竿或木条制成栅栏。饲槽和饮水器排列在栅栏外。笼底多用铁丝网或竹条，鸡粪可由空隙掉到下面的承粪板上，定期清除。

图 3-3　立体育雏

分层育雏可以更有效地利用育雏室的空间，增加育雏数量，同时因为热空气上升，高处温度较底层温度高，能更有效地利用热源。只是设备投资费用较多，对管理技术要求也较高。

3. 供暖方式

根据育雏方式的不同，采取的供暖方式也不同。根据热源不同，供暖方式分为火墙、烟道、煤炉、电热伞、红外线灯、热风炉等多种供暖形式。

（1）火墙　把育雏室的隔墙砌作火墙，内设烟道，炉口设在室外走廊里，雏鸡靠火墙壁上散发出来的温度取暖。这种育雏方式的升温速度较快，室温比较稳定，热效率高，费用较低，育雏管理较方便。

（2）烟道　可分为地上烟道和地下烟道两种。地上烟道，用砖和土坯砌成烟道，几条烟道最后汇合到一起，并设有集烟柜和烟囱通出室外。一般在烟道上加罩子，雏鸡养在罩下，称为火笼育雏。地下烟道，室内可利用面积较大，温度均匀平稳，地面干燥，便于管理。一般地下烟道比地上烟道要好。缺点是燃料消耗量大，烧火较不方便。

（3）煤炉　是最常用的加温设备，结构与冬季居民家中取暖火炉相同，以煤为燃料。火炉上设铁皮制成的平面盖或伞形罩，留出气孔，和通风管道连接，排烟管伸出通往室外。煤炉下部有一进气口，通过调节管口大小来控制进风量，控制炉温度。保温良好的鸡舍，每 $20 \sim 30 m^2$ 设置一个煤炉即可。煤炉育雏保温性能较好，经济实用，但温度控制不便。用煤炉时要注意预防煤气中毒及火灾。

（4）电热伞　伞面是用铁皮、铝皮、防火纤维板等制成一个伞形育雏器，伞内用电热丝供热，并有控温调节装置，可按雏鸡日龄所需温度调节、控制温度。伞四周用护板或围栏圈起来，随着日龄增加逐渐扩大面积。每个育雏伞可育雏 $250 \sim 300$ 只。电热伞育雏适合平面育雏使用。电热伞育雏的优点是温度稳定，容易调节，管理方便，室内清洁，育雏效果良好；缺点是伞下温度较高，周围余热少，鸡舍需另设火炉提高室温。

（5）红外线灯　在育雏舍内安装一定数量的红外线灯，靠红外线灯发出的热量来育雏。灯泡规格常为 250W，一般悬挂高度 $30 \sim 50 cm$。优点是温度相对稳定，室内清洁，但灯泡容易损坏，耗电量大，成本高。红外线灯的保温与雏鸡的数量与室温有关。用红外线灯供暖在舍温较高时效果好，冬季需与火炉或地下烟道供温方法结合使用。一盏 250W 红外线灯可保温 $100 \sim 250$ 只雏鸡。

（6）热风炉　是目前广泛使用的一种供暖设备，热效率可达70%以上。热风炉供暖系统由热风炉、送风风机、风机支架、电控箱、连接弯头、有孔风管等组成。热风炉有卧式和立式两种，是供暖系统中的主要设备，当燃煤点燃后，火焰使炉心及炉膛处于红热状态，低温空气经热风炉下半部的预热区充分预热后进入离心风机，再由离心风机以 $4500\sim$ $7000\mathrm{m}^3/\mathrm{h}$ 的风量鼓入炉心高温区，在炉心循环时气温迅速升高，然后由出风口进入鸡舍，热风出口温度为 $80\sim120℃$，热空气与舍内空气混合后，使舍温迅速提高，并保证了空气的新鲜清洁。

二、进雏前的准备

1. 制订鸡群周转计划

根据鸡场现有的配套设备，确定雏鸡、育成鸡和产蛋鸡饲养数量和规模，由最终生产产品的数量、成活率逆向推算出各阶段饲养的数量，由此来确定鸡场的存栏数量，再根据所饲养鸡各阶段饲养周期，逆向推算出各阶段鸡的入舍时间、淘汰时间和数量，同时应根据当地市场禽产品上市时间，最终确定进雏时间和数量。这就确定了本鸡场鸡群的周转计划，从而实现鸡场全年均衡的生产。

2. 制订育雏计划

鸡场的进雏时间不能由季节、温度等条件来定，应根据鸡场周转计划中终产品上市时间来定。完善的育雏计划包括雏鸡品种的选择、育雏总数、批数、每批数量、时间、饲料、疫苗、药品、垫料、器具、育雏期操作、光照计划等。

3. 饲养人员的安排

育雏是养鸡过程中最繁杂、细致、艰苦的工作，要求育雏人员对饲养业有热情、责任心强、吃苦耐劳、细心。育雏工作技术性强，饲养员最好进行培训，或者是有一定的技术和养鸡经验。

4. 育雏舍的维修、清扫、冲洗、消毒

（1）育雏舍的维修　维修包括地面、墙壁、门窗和通风、供温、降温、照明、笼具、喂料、饮水、消毒等设备，是否有良好的保温性能和通风换气能力，采光性能是否达到要求，灯具的完整性等，发现问题及时维修。

（2）清扫、冲洗、消毒　新建育雏舍要打扫卫生，对用具要进行除尘清洗。旧育雏舍应空舍 2 周再进行使用。使用前要用来苏水、百毒杀等消毒液喷洒育雏舍顶棚、墙壁、设备、地面，以消毒液自行滴下为宜，稍后彻底清除舍内粪便和灰尘，然后用高压水枪冲刷。待干后用 2% 的氢氧化钠、3% 的来苏水、百毒杀等消毒液对育雏舍、用具进行喷洒消毒。在进雏前 1 周对育雏舍的设备进行熏蒸消毒，将所有用具放于舍内，密闭门窗及通风孔，升温至 15～20℃，按育雏舍内每立方米空间福尔马林 32mL、高锰酸钾 16g 的浓度，将二者放在舍中。密闭熏蒸消毒 24h。育雏舍预温前打开门窗的通风孔，排出多余的甲醛。

5. 育雏物品的准备

（1）饲料的准备　雏鸡饲料包括开食料和全价料。应根据所饲养鸡的品种的营养需要，选择专业饲料厂家购买开食料和全价颗粒饲料，或选择优良原料生产自配料。

（2）药品、疫苗的准备　育雏期常用的消毒药品有新洁尔灭、百毒杀等，防治药品有环丙杀星、恩诺杀星、阿莫西林、泰诺菌素、氟苯尼考、电解多维、葡萄糖、微生态制剂、霉菌制剂等。

按照免疫程序及雏鸡的数量，按时备好各类疫苗，妥善保存于冰箱中。散养蛋用型鸡和散养肉用型鸡免疫程序是不同的。育雏期所用疫苗主要有新城疫、禽流感、传染性法氏囊、传染性支气管炎和鸡痘等疫苗。所用疫苗应根据当地疫病流行情况制定合理有效的免疫程序。

（3）其他用品　温度计、湿度计、备用灯泡、台秤、喷雾器、连续注射器、断喙器、刺种针、推粪车、水槽、料槽、水桶、扫除用具、取暖燃料等。

6. 育雏舍试温与预温

（1）试温　是在育雏前启用供暖设施，检查设备有无故障，舍内温度是否均衡。平面育雏温度计应与鸡背平行，笼养育雏应放在上面第二层。

（2）预温　育雏舍要提前2～3天预温，使温度达到33～35℃，且昼夜温度稳定。预热时间的长短要视供热设施、天气和季节、舍内保温效果而定。雏鸡入舍时温度要求在35～37℃。

第二节　雏鸡的选择与运输

一、雏鸡选择

养鸡成功与否雏鸡质量起着决定性的作用。应选择对环境要求低、适应性广、抗病力强、活动量大、肉质上乘的土鸡品种。优质健康的雏鸡标准如下。

① 外貌要符合品种特征。

② 雏鸡个体大小均匀。

③ 绒毛整齐清洁，富有光泽。

④ 腹部平坦、柔软，脐部愈合良好、干燥、上有绒毛覆盖。

⑤ 雏鸡活泼好动、眼大有神、叫声有力、反应敏感。

⑥ 雏鸡头大脚粗、触摸饱满、挣扎有力。

二、雏鸡的运输

雏鸡在出壳后 24h 内进入育雏室较好，最迟不能超过 36h，否则易造成脱水现象。在运输途中，要防冻防热，通风换气，专人负责。

1. 运输工具的选择

运送雏鸡应选用专用的纸质雏鸡盒，四周透气，100 只装。运输工具应根据路程的远近选择装有控温和通风系统的汽车、轮船、飞机等。

2. 运输时间的选择

夏季及早秋要尽量避开高温时段运送雏鸡，冬季和春季要在气温较高时段送雏。

3. 注意事项

装载雏鸡箱之间要留有通风通道；雏鸡运输途中最好不要停留；押运人员要随时观察车内雏鸡状况，安静为正常，躁动不安就是热了，需要降温。夏季选择飞机、轮船运雏鸡时要做到晚上装车，早上卸车，防止高温缺氧窒息。

第三节　雏鸡的饲喂技术

一、饮水

雏鸡进入育雏舍后，无论长途还是短距离运输，为了使其尽快适应新环境，减少应激，防止脱水以及影响卵黄的吸收，应及时供给饮水。雏鸡的第1次饮水也叫初饮。初饮是维持雏鸡体液平衡恢复体力，保证雏鸡成活率的关键环节。

1. 初饮时间

长途运输的雏鸡应在进入育雏舍1～2h后再饮水。雏鸡毛干后3h就可送到育雏室给饮水予饮水。

2. 初饮水质要求

供给清洁的与室温一致的温开水。在前3天水中要加入3％～5％葡萄糖、电解质和多维素等。1周后换用自来水。

3. 初饮实施方法

（1）人工诱导　初次饮水时饲养员要用手指有节奏敲打饮水器具，进行诱导。

（2）少加勤换　饮水器具里的水要少加勤换，勤刷洗，保持水质干净新鲜。

（3）及时调整饮水器具高度　使水位线始终与鸡背平行。

（4）具备足够饮水器具　初饮时每100只鸡至少应有3个4.5L的真空饮水器，并均匀分部在鸡舍内。雏舍应当全天候供水，确保雏鸡及时饮用。

二、开食与饲喂

在雏鸡充分饮水后要进行开食，雏鸡的第 1 次喂料叫开食。建议用颗粒全价料开食，采用"少给勤添"法。在饲养方法上，一般采用敞开饲养、自由采食的原则。采用开食料是促进雏鸡胎粪排出、防止糊肛、增进胃肠发育的关键措施。

1. 开食时间

雏鸡充分饮水后让它安静休息 3～5h，一般有 85％的雏鸡开始跑动有啄食欲望再进行开食。开食太早，容易引起雏鸡卵黄吸收不良而成为僵鸡，导致育雏率降低及均匀度差的弊端。

2. 开食料的选择

开食时最好选择颗粒度小、容易消化的配合饲料。开食最好使用 1～3 次湿拌料，促进较弱的雏鸡进食。开食料使用 10 天左右，以后用全价雏鸡料即可。

3. 开食实施方法

（1）开食方法　饲养员将开食料撒在反光性较强的专用开食盘、硬纸板、塑料布或料袋子上使雏鸡容易吃到，通过有节奏的敲打诱导雏鸡啄食。

（2）少投勤添　投料应尽量做到少投勤添，以刺激雏鸡食欲，同时减少饲料浪费，保持饲料新鲜。每次喂料应撒上薄薄一层，待鸡吃完后再撒上一层。育雏前 3 天用开食盘或将料投在平面上，3 天后就必须上料槽。否则，饲料被污染容易导致疾病发生。一般 1～2 周每天喂 5～6 次，3～4 周每天喂 4～5

次，5 周以后每天喂 3～4 次。

（3）饮水器与料槽的摆放　要间隔放置，分布要均匀。

第四节　雏鸡的管理技术

一、温度

适宜的温度是育雏成功最关键因素。温度一定要保持稳定，切不可忽高忽低。

1. 适宜温度

育雏前 1 周，室内温度以保持在 36～37℃为宜。鸡背水平位置的温度为 35～36℃，以后每周约下降 1～2℃，直至降到室内温度 22℃。头 3 天昼夜温差不超过 2℃，4～7 日龄昼夜温差不超过 3℃，第 2 周育雏温度昼夜温差不超过 6℃。

2. 如何判断温度是否适宜

除了参看育雏室内温度表外，还要依据雏鸡行为和分布情况来判断。

（1）温度偏高　雏鸡远离热源，张开翅膀，张口喘气，饮水量增加，发出"吱吱"的叫声。这时就要减少供热量，适当开启缓冲间的门，缓慢降温。

（2）温度偏低　雏鸡靠近热源，聚堆，并发出"叽叽"的尖叫声。加强供暖，增加取暖设施，把温度提升上来。

（3）温度适宜　雏鸡活泼好动，饮水、吃料正常，叫声悦耳。饱食后安静休息，呈"漫天星状"均匀分布。

二、湿度

湿度适宜能改善育雏舍空气质量，减少粉尘，降低氨气浓度，控制呼吸道疾病，是提高雏鸡成活率的重要措施。

育雏舍内要悬挂湿度计。舍内第 1 周相对湿度控制在 $70\%\sim75\%$，第 2 周 $65\%\sim70\%$，以后保持在 $60\%\sim65\%$ 即可。在育雏前期湿度会低一些，最简便的方法是喷雾加湿，也可在地面洒水增加湿度。育雏后期湿度可能会偏高，此时应及时清理粪便，加强通风等措施降低舍内湿度。

三、光照

光照的目的是使鸡能充分采食、饮水和活动，以达到生长快、饲料报酬高的目的。光照使雏鸡增加活动和增强新陈代谢，促进食欲，提高室内温度，降低湿度，提高健康水平。

1. 适宜的光照程序

（1）密闭式鸡舍 雏鸡前 3 天，采用每天 $23\sim24h$ 连续光照制度；第 4 天至育雏结束，恒定为每天 $8\sim9h$ 光照。

（2）开放式鸡舍 雏鸡前 $3\sim7$ 天，采用每天 $23\sim24h$ 连续光照制度；$2\sim18$ 周，可完全采用自然光照。

2. 光照强度

（1）密闭式鸡舍 雏鸡前 3 天光照强度为 $15\sim20lx$，3 天后减弱为 $1.5\sim2lx$。

（2）开放式鸡舍 雏鸡前 3 天夜间光照强度为 $15\sim20lx$，白天利用自然光。3 天后夜间光照减弱为 $1.5\sim2lx$。

3. 光照管理

（1）照明灯具在鸡舍内要分布均匀，无死角。

（2）照明灯上要安装遮光罩，定期清除灯具上灰尘，保持灯具明亮。

（3）及时更换损坏灯泡，保持有效光照强度。

四、通风换气

为了保证雏鸡舍空气新鲜，有利于雏鸡的生长增重，在鸡舍保温的同时，根据舍内外温度和雏鸡的健康状态，灵活地选择适当时机进行通风换气，防止雏鸡慢性缺氧以及吸入过多有害气体而影响健康。

1. 通风换气方法

（1）密闭式鸡舍　定时开启小排量风机，达到通风换气目的，保持舍内温度稳定。夏季降温应开启大风量风机和湿帘降温设备，降低舍内温度，保持空气清新。

（2）开放式鸡舍　及时开启和关闭窗户、地窗、顶棚通风孔进行换气。夏季温度居高不下时，应及时安装并启用机械通风设施，保持舍内温度稳定。

2. 注意事项

（1）育雏舍设置缓冲间，降低舍内温差，防止通风造成舍内温度急剧下降；开放式鸡舍选择气温高时逆向开窗通风。

（2）舍内温度高时才能通风换气。

（3）合理的饲养密度，及时清理粪便，避免空气污染，减少通风次数，以免影响雏鸡生长。

五、合理的饲养密度

饲养密度是指每平方米有效面积饲养的鸡只数量或每只鸡占有的饲养面积，合理的饲养密度能够为鸡雏提供适宜的环境条件，可以保证鸡群中所有的鸡能够及时地吃到食、饮到水，还能很好地运动和休息，保证鸡群整齐发育。饲养密度具体可以参考表 3-1，视季节、气候可灵活掌握。

表 3-1　育雏鸡 0～6 周龄的饲养密度

周龄	立体笼养 /(只/m²)	地面垫料平养 /(只/m²)	发酵床平养 /(只/m²)	网上平养 /(只/m²)
0～2	60～70	25～30	20～25	35～40
3～4	40～50	20～25	15～20	25～30
5～6	20～30	10～20	10～8	20～25

六、适时断喙

散养鸡的断喙时间应在 7～9 日龄。断喙要断掉上喙的 1/2，下喙 1/3，最好用专用断喙器，分手动和自动。最好选择带有不同孔径的断喙器。有必要时在 30 日龄进行修喙，断喙的好坏是散养鸡饲养的关键。为防止出血，断喙前 1 天在饲料中添加 5mg/kg 维生素 K。断喙后，饮 3 天抗生素和电解多维营养液。

具体方法是操作人员戴上隔热手套，打开断喙器，刀片颜色保持在樱桃红色，右手抓鸡，将雏鸡握于右手中，背部朝上，左手将雏鸡两腿后伸，右手拇指放在鸡头顶上，食指第二关节处放在咽下，其余三指放在胸部下方。拇指和食指稍施压力，使鸡舌头回缩，上下喙闭合，将喙插入适当孔内，在距离鼻孔2mm处切断，恰好断去上喙的1/2，下喙1/3，切后迅速烧烙1～2s止血。

七、制订科学免疫计划

散养鸡饲养期较长，其免疫与圈养鸡应有所区别，应根据当地疫情制定科学免疫程序，按时免疫，确保雏鸡健康发育。

1. 免疫程序

散养鸡的免疫种类主要包括新城疫、禽流感、法氏囊、鸡痘、传染性支气管炎、传染性喉气管、支原体及沙门菌等。不同品种鸡的免疫程序有所不同，具体情况具体分析。其中传染性喉气管和禽流感疫苗为疫区使用。具体免疫程序见表3-2（仅供参考）。

2. 常用免疫方法

雏鸡常用免疫方法有滴鼻点眼、饮水、喷雾、皮下注射、肌内注射、皮下刺种等。

（1）滴鼻点眼免疫　主要用于雏鸡活疫苗的首次免疫。特点是用量准确、产生抗体快、效果好，但费时费力，鸡群应激大。

具体方法：按标准稀释疫苗；依次将疫苗液滴于雏鸡同侧的鼻孔和眼睑内，待疫苗液完全吸收后再放下鸡，继续免疫下一只。稀释后的疫苗最好在1h内用完。

（2）饮水免疫　饮水免疫适用于大规模商品雏鸡免疫用。特点是简单、方便、效率高，但雏鸡饮用疫苗量不均匀。

具体方法：饮水免疫前首先将鸡群停水2～4h，将饮水器

表 3-2　散养鸡的免疫程序

日龄	防治疫病	疫苗	接种方法
1	马立克病	CVI988	颈部皮下注射
7～10	新城疫、传染性支气管炎	新城疫、传染性支气管炎二联苗	滴鼻、点眼、饮水
7～10	鸡痘	弱毒力苗	刺种
7～10	禽流感	新城疫～传染性支气管炎～禽流感三联油苗	颈部皮下注射
11～14	法氏囊病	中毒力苗	2 倍量饮水
20～22	传染性喉气管	弱毒力苗	饮水或点眼
22～24	法氏囊病	中毒力苗	2 倍量饮水
30	新城疫、传染性支气管炎	新城疫、传染性支气管炎二联苗	滴鼻、点眼、饮水
50～60	传染性喉气管	弱毒力苗	2 倍量饮水
90	新城疫	Ⅳ系或克隆～30	2 倍量饮水
110～120	新城疫、传染性支气管炎、禽流感、减蛋综合征	新城疫(禽流感)～传染性支气管炎和减蛋综合征三联油苗	肌注

具进行彻底清洗消毒，并用清水冲洗干净。将疫苗在小容器中稀释，然后倒入 5% 脱脂奶粉溶液中，混合均匀，再加入水箱或饮水器中，供鸡群饮用。保证疫苗在 1h 内饮完。免疫后用清水冲洗饮水器具。

（3）注射　分皮下注射和肌内注射两种。皮下注射适用于雏鸡马立克氏病疫苗免疫，肌内注射适用于油佐剂灭活疫苗的免疫。特点是吸收快、剂量准确、效果确实。

具体方法：颈部皮下注射时，用左手的拇指和食指轻轻捏起鸡的颈部皮肤，将针头水平刺入两手之间的颈部皮下，将疫苗注入皮肤与肌肉之间。肌内注射适用于剂量要求十分准确的疫苗。将针头倾斜至 30°～45° 角刺入胸肌丰满处注入疫苗。切忌垂直刺入胸肌，以免刺入胸腔。

（4）皮下刺种　主要适用于鸡痘的免疫接种，刺种部位在鸡翅膀内翼膜三角区无血管部位，用专用的刺种针。

具体方法：用 5～6 mL 生理盐水稀释 1000 羽份疫苗，用接种针蘸取疫苗，在翅膀内侧翼膜三角区无血管部位皮肤刺种，刺透皮肤，疫苗就留存皮肤里面。要注意的是，刺种时要避开血管；免疫 7～10 天后，要检查接种部位有无红肿和结痂。有上述变化说明免疫成功，否则要重新免疫。

3. 抗体监测

抗体监测的目的是选择最佳免疫时机，确保鸡群健康。鸡群免疫前和免疫后都要采样进行抗体水平的检测。免疫前的监测是了解母源抗体水平，确定免疫时间。免疫后进行抗体监测，是确定免疫效果是否有效。只有母源抗体水平在一定的范围内才能保证鸡群健康，防止疫病暴发。

4. 注意事项

（1）疫苗外观检查　务必检查疫苗的生产厂家、生产日期、有效期、批次，发现破瓶、潮解、失效或有杂质者杜绝使用。应该到正规部门购买为好。

（2）疫苗使用剂量　剂量要准确，不能盲目加大，也不能偷工减料。

八、分群饲养

分群饲养，是将大群分成小群，健弱分开，能鉴别公母的将公母分开，便于管理和营养物质的调控，有利于控制体重、提高均匀度，减少意外损伤，提高育雏成活率。

（1）平面育雏时分栏饲养，每栏 400 只左右，便于管理和观察。及时将弱小鸡雏挑出集中饲养。

（2）立体笼养育雏时，饲养员应利用免疫、断喙等时机将上下层的鸡进行对调，同时将弱小鸡只调至上层笼养，以提高鸡群的均匀度。

（3）将病弱残鸡放在大群的边缘或角落里。

第四章
育成鸡饲养管理

　　育雏结束后（5～6周龄）转入生长育成阶段，此时雏鸡抵抗力和适应性增强，可以进行散放饲养。

　　散放饲养包括舍内散养、舍外散养和放牧散养三种形式。舍内散养有全垫料平养、发酵床平养和网上平养；舍外散养是在鸡舍的南面设有运动场；放牧散养是在果园、林地、山坡、草场、滩涂等放牧饲养。下面介绍的主要是放牧散养。

第一节　放养前的准备工作

一、放养地的防疫处理

　　每批鸡饲养前，要对放养地及鸡棚舍进行1次全面清理，清除放养地及周边各种杂物和垃圾，再用安全的消毒液对放养地及周边进行全面喷洒消毒，尽可能地杀灭和消除放养区的病原微生物。

二、棚舍搭建

可以根据饲养目的，建造不同标准和形式的棚舍。如仅在夏秋季节为放养鸡提供遮阳、挡雨、避风和晚间休息的场所，可建成简易鸡舍（鸡棚）；如果要在放养地越冬或产蛋，一般要建成普通鸡舍。

为便于卫生管理和防疫消毒，舍内地面要比舍外地面高0.5m，在鸡舍 50m 范围内不要有积水坑。如果是普通鸡舍最好建成混凝土地面，简易鸡舍可在土地面上铺垫适当的沙土。有窗鸡舍在所有窗户和通风口要加装铁丝网，以防止野鸟和野兽进入鸡舍。

鸡舍面积不要太大，一般每栋养 300～500 只生长育成鸡或 200～300 只产蛋鸡。棚舍内设有栖架。根据周边植被生长情况决定放养舍距。注意放养舍的间距不可过近，有利于周边植被有一个恢复期。

三、确定散放饲养的日龄

雏鸡脱温后，可以开始到室外放养。一般初始放养日龄30 天。林地放养时间不宜过早，否则雏鸡抵抗力差，觅食能力和对饲料的消化利用率低，容易感染疾病，成活率下降，并影响后期生长发育。如放养过早，雏鸡对生态园地的野外天敌的抵御能力差，易受到伤害。

鸡的散放饲养日龄要从雏鸡的发育情况、外界气候条件和雏鸡的饲养密度等情况综合考虑，最关键的是外界环境温度。

四、鸡的适应性锻炼

鸡从雏鸡舍到散放饲养，环境条件变化大，为了让鸡能尽快适应环境的变化，避免鸡产生大的应激反应，在放养前要给予适应性锻炼和培养，这是散放生态养鸡很重要的技术环节。

1. 温度的锻炼

就是雏鸡的脱温，所谓脱温就是雏舍内停止供热。在育雏后期，雏鸡随着日龄的增长，采食量增大，体重增加，体温调节机能逐渐完善，抗寒能力增强，或育雏期气温较高，已达到育雏所要求温度时，就应该脱温了。脱温要根据外界温度变化，鸡舍内缓慢降低温度，逐渐减小舍内外温差，使鸡群有一个适应过程。开始时白天停温，晚上仍然供温；或气温适宜时停温，气温低时供温；经过1周左右，当雏鸡习惯自然温度时，才可以完全停止供温。冬季一般是在第6周开始脱温。具体脱温时间要根据气温变化因地制宜。应逐渐降低育雏室的温度，延长自然通风时间，使鸡舍内环境逐渐接近舍外的气候条件，直到停止人工供温。适当进行变温和低温锻炼可提高林地饲养初期鸡的成活率。

育雏脱温结束后，林地饲养前7～10天，训练鸡适应野外温度。方法是每天上午10点到下午3点将鸡舍南北开窗，逐渐提早到每天早上天亮至天黑全日开窗，让鸡适应外界温度。

2. 对饲料的适应性锻炼

在散放饲养前1～3周，在育雏料中添加一定量的青草或青菜，每天逐步加大投喂量，在放牧前，青饲料的添加量可占到雏鸡饲喂量的一半左右，有条件时还可以适当喂给人工饲养的蝇蛆、蚯蚓等，鸡在放养后能适应采食野生嫩草和昆虫类饲料。

3. 体质、活动量锻炼

在育雏后期，应逐渐扩大雏鸡的运动量和活动范围，增强其体质，以适应放养环境。

4. 应激的预防

在放牧前和放牧的最初几天，要在饲料或饮水中添加适量维生素 C 或电解多维等药物，可以减少应激和疾病的发生。

5. 管理方面

注意训练、调教鸡群，喂料时给予响声，使鸡在放养前形成条件反射，以利于在林地环境中的管理。在育雏后期，为了适应野外生活条件，饲喂次数、饮水方式和管理形式等日常管理可以逐渐接近林地生态放养鸡的饲养管理。

第二节　育成期的饲养管理技术

一、分群

从育雏鸡舍转移到生态园林地鸡舍时要进行分群饲养，分群饲养是散放生态饲养过程中很关键的环节。要根据品种、日龄、性别、体重、林地的植被情况、季节等因素综合考虑分群方式和群体的大小。

1. 公鸡、母鸡分群饲养

公鸡、母鸡的生长速度和饲料转化率、脂肪沉积速度、羽毛生长速度等都不同。分群饲养后，鸡群个体差异较小，均匀度好。公母混群饲养体重相差达300～500g，分群饲养一般只差125～250g。另外，公鸡好斗、抢食，容易造成鸡只互斗和啄癖。分群饲养可以各自在适当日龄上市，也便于饲养管理，提高饲料效率和整齐度。不能在出雏时鉴别雌雄的地方品种鸡，如果鸡种性成熟早，4～5周龄可分出公母鸡，大多数鸡也可在50～60日龄时区分出来，进行公母分群饲养。

2. 体重、发育差异较大的鸡分群饲养

发育良好、体重大的分在一群，把发育较慢、病弱的鸡分在一起，以便单独饲养，加强管理和补给营养，利于病弱鸡的恢复。

3. 日龄不同的鸡要分开饲养

日龄低的鸡，容易感染传染病，大小混养会相互传染，造成鸡群传染病暴发。根据放养地鸡只数量，同一批鸡雏最好分在同一个育成鸡舍。

4. 群体大小

根据放养地面积大小和饲养规模，一般一个群体300～500只育成鸡比较合适，一般不超过1000只。本地土鸡，适应性强，饲养密度和群体可大些；放养开始时鸡体重小，采食少，饲养密度和群体可大些；植被状况好，饲养密度和群体可以大些；早春和初冬，放养地青绿饲料少，密度要小一些；夏

秋季节，植被茂盛，昆虫繁殖快，饲养密度和群体可大些。但群体太大，会造成鸡多草少现象，会造成植被过牧，并且植被生态链破坏后恢复困难，鸡因觅食不到足够的营养影响生长发育，同时又要被迫增加人工补喂饲料的次数和数量。放养地饲养鸡数量过多后鸡采食、饮水也容易不均，会使鸡的体重差距大，大的大、小的小，并出现很多较弱小的鸡。鸡群体过大、过密在遇到惊吓时很容易炸群，出现互相挤压致死，还会增加鸡的发病率，也容易发生啄癖，所以规模一定要适度。如果散放群体规模和饲养密度安排不当，最终结果就是养殖失败。

二、转群

经过脱温和放养前的训练后雏鸡才可以进行放牧饲养。从育雏鸡舍转移到放养区，叫转群。转群后鸡的生活环境、饲料供给方式及种类等都发生很大变化，对鸡造成很大应激，必须通过科学的饲养管理才能帮助鸡尽快适应新的环境，平稳过渡不至造成大的影响。

由舍内饲养到放养的最初1～2周是饲养的关键时期。如果初始管理适当，鸡能很好地适应放养环境，保持良好的生长发育状况，为整个饲养获得好的效益打下良好基础。

1. 从舍饲到放养转移时间的选择

从鸡舍转移到放养地，要在天气晴暖、无风的夜间进行。因为晚上鸡对外界的反应和行动能力下降，此时抓鸡对其造成的应激减小。根据分群计划，在转到放养地的前1天傍晚，在鸡舍较暗的情况下，一次性把雏鸡转到放养地鸡舍。

放养当天早晨天亮后不要过早放鸡，等到上午9～10点阳光充足时再放到室外。饲槽放在离鸡舍较近的地方，让鸡自由觅食。同时准备好饮水器，让鸡能随时饮到水，预防放养初期的应激反应，并在水中加入适量维生素C或电解多维，减少应激反应。在放养的最初几天要设围栏限制其活动范围，把鸡群控制在离鸡舍比较近的地方，不要让鸡远离鸡舍，以免丢失。开始几天每天放养时间要短，每天2～4h，以后逐步延长放养时间。

2. 饲喂方法

开始放养的第1周在放养区域内放好料盆，让鸡既能觅食到野生的饲料资源，又可以吃到配合饲料，使鸡消化系统逐渐适应。随着放养时间的延长，根据鸡的生长情况使鸡群的活动区域逐渐扩大，直到鸡能自由充分采食青草、菜叶、虫蚁等天然饲料。

放养的前5天仍使用雏鸡后期料，按原饲喂量给料，日喂3次。6～10天后饲料配方和饲喂量都要进行调整，开始限制饲喂，逐步减少饲料喂量，促使鸡逐步适应，自由运动，自己觅食。生产中要注意饲料的逐渐过渡，防止变换过快，鸡的胃肠道不能适应，引起消化不良，甚至腹泻。前10天可以在饲料中添加维生素C或复合维生素，提高鸡的抵抗力，预防应激。

10天后根据放养地天然饲料资源的供应情况，喂料量与舍饲相比减少一半，只喂给各生长阶段舍饲日粮的30%～50%；饲喂的次数不宜过多，一般日喂1～2次，否则鸡会产生依赖性而不去采食天然饲料。

三、调教

调教是指在特定环境下，在对鸡进行饲养和管理的过程中，同时给予鸡特殊指令或信号，使鸡逐渐形成条件反射、产生习惯性行为。对鸡实行调教从小鸡阶段开始较容易，调教内容包括饲喂、饮水、远牧、归巢、上栖架和紧急避险等。

放养是鸡的群体行为，必须有一定的秩序和规律，否则任凭鸡只自由行动，难以管理。

1. 饮食和饮水调教

在育雏阶段，应有意识地给予信号进行喂料和饮水调教，在放养期得以强化，使鸡形成条件反射。

在调教前，让鸡群有饥饿感，开始给料前，给予信号，如吹口哨，喂料的动作尽量使鸡看得到，以便产生听觉和视觉双重感应，加速条件反射的形成。每次喂料都反复同一信号吹口哨，一般3～5天就能建立条件反射。

生产中多用吹口哨和敲击金属物品产生的特定声音，引导鸡形成条件反射。面积较大的放养地，鸡的活动范围较大，要注意使用的信号必须让较远处的鸡都能听到。在面积较大的放养地养鸡时，还可以通过喇叭播放音乐，鸡只经过调教，听见后回来采食、归巢。

2. 远牧调教

远牧调教更为重要，可以促使鸡觅食，避免有的鸡活动范围窄，不愿远行自主觅食。调教的方法是一个人在前面慢步引导，一边扬少量的饲料做诱饵，一边按照一定的节奏发出语言口令，后面另一个人手拿一定的驱赶工具，一边发出驱赶的语言口令，一边缓慢舞动驱赶工具前行，一直到达牧草丰富的草地止。这样连续调教几天后，鸡群便逐渐习惯往远处采食了。

3. 归巢调教

鸡具有晨出暮归的习性。但是有的鸡不能按时归巢，或由于外出过远，迷失了方向，也有的个别鸡在外面找到了适合自己夜宿的场所。所以应在傍晚之前进行查看，是否有仍有在外采食的鸡，并用信号引导其往鸡舍方向返回。如果发现个别鸡在舍外过夜，应将其抓回鸡舍圈起来，并把它营造的窝破坏掉，第二天早晨晚些时间再放出采食。次日傍晚，再进行仔细检查，如此反复几天后，鸡群就可以按时归巢了。

4. 上栖架的调教

鸡有在架上栖息的生理习性。在树下和鸡舍内设栖木，既满足了鸡的生理需求，符合动物福利的要求，充分利用了鸡舍空间，又可以避免鸡直接在地面过夜，减少与病原微生物尤其是寄生虫的接触机会，降低疾病的发生率。

方法是用细竹竿或细木棍搭建一些架子，一般按每只鸡需要栖架位置 17～20cm 提供栖架长度，栖木宽度应该在 4cm 以上，以 3～4 层为宜，每层之间至少应该间隔 30cm。

如果鸡舍面积小，栖架位置不够用，有的鸡可能不在栖架上过夜。调教鸡上栖架应于夜间进行，先将小部分卧地鸡捉上栖架，捉鸡时不开电灯，用手电筒照着已捉上栖架的鸡并排好。连续几天的调教，鸡群可自动上架。经过放养调教后即可采用早出晚归的饲养方式。

四、补饲

散放养鸡，仅靠野外自由觅食天然饲料不能满足生长发育和产蛋需要。即使是外界虫草丰盛的季节（5～10 月），也要适当进行补饲。在虫草条件较差的季节（12 月到翌年 3 月），补饲量几乎等于鸡的营养需要量。做为产蛋鸡育成期，要合理控制体重，提高鸡群整齐度，要限制饲养，合理补充饲料。

1. 补料次数

补饲方法应综合考虑鸡的日龄、雌雄、鸡群生长和生产情况、放养地虫草资源、天气情况等因素科学制定。放养的第 1 周早晚在舍内喂饲，中午在休息棚内补饲 1 次。第 2 周起中午免喂，早上喂饲量由放养初期的足量减少至 7 成，6 周龄以上的大鸡还可以降至 6 成甚至更低些，晚上一定要让其吃饱。逐渐过渡到每天傍晚补饲 1 次。

可以在鸡舍内或鸡舍门口补饲，让鸡群补饲后进入鸡舍休息。每天补料次数建议为 1 次。补料次数越多，放养的效果就越差。因为每天多次补料使鸡养成懒惰恶习，等着补喂饲料，不愿意到远处采食，而越是在鸡舍周围的鸡，尽管它获得的补充饲料数量较多，但生长发育慢，疾病发生率也高。凡是不依赖喂食的鸡，生长反而更快，抗病力更强。

状况良好的林地，补料的次数以每天 1 次为宜，在特殊情况下（如下雨、刮风、冰雹等不良天气），可临时增加补料次数。天气好转，应立即恢复到每天 1 次。

补饲时要定时定量，一般不要随意改动，以增加鸡的条件反射，养成良好的采食习惯。

2. 补料量

补料量应根据鸡的品种、日龄、鸡群生长发育状况、放养地虫草条件、放养季节、天气情况等综合考虑。夏秋季节虫草较多，可适当少补，春季和冬季可多补一些。每次补料量的确定应根据鸡采食情况而定。在每次撒料时，不要一次撒完，要分几次撒，看多数鸡已经满足，采食不及时，记录补料量，作为下次补料量的参考依据。一般是次日较前日稍微增加补料量。也可以定期测定鸡的生长速度，即每周的周末，随机推测一定数量的鸡的体重，与标准体重进行比较。如果低于标准体重，应该逐渐增加补料量。

3. 补料形态

饲料形态可分为粉料、粒料（原粮）和颗粒料。粉料是经过加工破碎的原粮。所有的鸡都能均匀采食，但鸡采食的速度慢，适口性差，浪费多，特别在有风的情况下浪费严重，并且必需配合相应食具。粒料是未经破碎的谷物，如玉米、小麦、高粱等，容易饲喂，鸡喜欢采食，适于傍晚投喂。最大缺点是营养不完善，鸡的生长发育差，体重长得慢，抗病能力弱，所以不宜单独饲喂。颗粒饲料是将配合的粉料经颗粒饲料机压制后形成的颗粒饲料。适口性好，鸡采食快，保证了饲料的全价性。但加工成本高，且在制粒过程中维生素的效价受到一定程度的破坏。具体选用什么形式的补饲料，应视具体情况决定。

4. 补料时间

傍晚补料效果最好。早上补饲会影响鸡的自主觅食性。傍晚鸡食欲旺盛，可在较短的时间内将补充的饲料迅速采食掉，防止撒在地面的饲料被污染或浪费。鸡在傍晚补料后便上栖架休息，经过一夜的静卧休息，肠道对饲料的利用率高。也可以在补料前先观察鸡白天的采食情况，根据嗉囊饱满程度及食欲大小，确定合适的补料量，以免鸡吃不饱或喂料过多，造成饲料浪费。另外，在傍晚补饲时还可以配合调教信号，诱导鸡只按时归巢，减少鸡夜间在舍外留宿的机会。

五、饮水

鸡在放养时，供给充足的饮水是鸡保持健康、正常生长发育的重要保障。尤其鸡在野外活动，风吹日晒，保证清洁、充足的饮水显得非常重要。在鸡的活动范围内要放置一定数量的饮水器（槽）。可以使用 5～10L 的饮水器，每个饮水器可以供 50 只鸡使用。饮水器（槽）之间距离为 30m 左右，饮水器（槽）位置要固定，以便让鸡在固定的位置找到水喝，尽量避免阳光直射。

根据放养地条件，可以使用水井或自来水作为水源。要保证饮水充足，清洁卫生。为保持水的卫生，应化验饮用的地下水微生物指标和矿物质及氟的含量，各项指标应达到畜禽饮用水的标准。没有固定水源的放养地要到外面拉水，可设临时储水的水窖。

六、实行围网和轮牧放养

鸡在野外散放自由活动，通常要在放养区围网。

1. 围网目的

（1）作为林地、果园和外界的区界，通常使用围网或设栏的方法，与外界分隔，防止外来人员和动物的进入，也防止鸡走出林地造成丢失。

（2）放养场地确定后，通过围网给鸡划出一定的活动范围，防止在放养过程中跑丢，或做防疫的时候找不着鸡，疫苗接种不全面，也能避免产蛋鸡随地产蛋。雏鸡刚开始放牧时，需要的活动区域较小，也不熟悉林地环境，为防止鸡在林地迷路，要通过围网限制鸡的活动区域。随着鸡的生长，逐步放宽围网范围，直到自由活动。

（3）用围网分群饲养。鸡群体较大时，鸡容易集群活动，都集中在相对固定的一个区域，饲养密度大，造成抢食，过牧鸡也容易患病。通过围网将较大的鸡群分成几个小区，对鸡的生长和健康都有利。围网后，林地、果园、荒坡、丘陵地养鸡实行轮牧饲养，防止出现过牧现象。

（4）果园喷施农药期间，施药区域停止放养，用网将鸡隔离在没有喷施农药的安全区域。

2. 建围网方法

放养区围网筑栏可用高 1.5～2m 的尼龙网或铁丝网围成封闭围栏，中间每隔数米设一根稳固深入地下的木桩、水泥柱或金属管柱以固定围网，使鸡在栏内自由采食。围栏尽量采用正方形，以节省网的用量。放养鸡舍前活动场周围设网，可与鸡舍形成一个连通的区域，用于傍晚补料，也利于夜间对鸡加强防护。经过一段时间的饲养，鸡群就会习惯有围网的放养生活。

山地饲养，可利用自然山丘作屏障，不用围栏。草场放养地开阔，可不设围网，使用移动鸡舍，分区轮牧饲养。

七、诱虫

林地养鸡的管理中，在生产中常用诱虫法引诱昆虫供鸡捕食。常用的诱虫法是灯光诱虫。

灯光诱虫法通过灯光诱杀，使林地和果园中趋光性虫源被大量集中消灭，迫使夜行性害虫避光而去，影响部分夜行害虫的正常活动，减轻害虫危害，大大减少化学农药的使用次数，延缓害虫抗药性的产生。保护天敌，优化了生态环境，利于可持续发展。

昆虫飞向光源，碰到灯即撞昏落入安装在灯下面的虫体收集袋内，第2天进行收集喂鸡。诱得的昆虫，可以给鸡提供一定数量的动物性蛋白饲料，生长发育快，降低饲料成本，提高养鸡效益，同时天然动物性蛋白饲料不仅含有丰富的蛋白质和各种必需氨基酸，还有抗菌肽及未知因子，采食后可提高鸡肉和鸡蛋的质量。如鸡采食一定数量的虫体，可以对特定的病原如鸡马立克病产生一定的抵抗力。

灯光诱虫投入低，操作简便易行。利用黑光灯诱虫是生产中最常用的做法。黑光灯主要由黑光灯灯管及附件（整流器、继电器和开关）、防雨罩、挡虫板、收虫器、灯架等组成。

八、防止意外伤害

散放饲养时，鸡的个体小，没有自卫和防御能力，鸡群会经常受到老鼠、老鹰、黄鼠狼和蛇等天敌的伤害，防御和消除天敌是散放饲养管理中的一项重要工作，应特别注意加强防范。提前了解放养地域及其附近常见的野生动物类型和数量，采取针对性措施。

第三节　优质土鸡育肥期的饲养管理

放养优质土鸡在目前市场上很畅销，但如何达到上市销售标准是整个养鸡经济效益的关键。

10周龄到上市前的阶段，是育肥期，是生长的后期。在这一时期对鸡群再进行一次筛选。需要留做种用的公鸡选出来，其余的育肥；母鸡群需留下产蛋，把其中弱小的，不符合品种要求的筛选出来，一起育肥。

育肥期的目的是促进鸡体内脂肪沉积，增加鸡肥度，改善肉质和羽毛的光泽度，适时上市。

鸡体的脂肪含量与分布是影响鸡的肉质风味的重要因素。优质土鸡富含脂肪，鸡味浓郁，肉质嫩滑。鸡体的脂肪含量可通过测量肌间脂肪、皮下脂肪和腹脂做判断。一般来说，肌间脂肪宽度为 $0.5\sim1cm$，皮下脂肪厚度为 $0.3\sim0.5cm$，表明鸡的肥度适中。脂肪的沉积与鸡的品种、营养水平、日龄、性成熟期、管理条件、气候等因素有密切关系。优质土鸡都具有较好的肥育性能，一般在上市前都需要进行适度的育肥，这是优质鸡上市的一个重要条件。

比较适宜在后期育肥的鸡种有惠阳胡须鸡、清远麻鸡、杏花鸡、石岐杂鸡、烟霞鸡等土鸡。可在生长高峰期后、上市前 $15\sim20$ 天开始育肥。

一、调整饲料营养成分

优质肉用土鸡沉积适度的脂肪，可改善肉质，提高商品屠体外观质量。在饲料配合上，一般应提高日粮的代谢能，相对降低蛋白质含量，其营养要求达到代谢能 $12\sim12.9MJ/kg$，粗蛋白质在 15% 左右。为了提高饲料的代谢能，促进鸡体内脂肪的沉积，增加羽毛的光泽度，饲养到 70 日龄后可在饲料中适当供给富含淀粉饲料，红薯、大米饭等。采用原粮饲喂的，可适当增加玉米、高粱等能量饲料的比例。每千克饲料中添加 $15\sim20IU$ 维生素 E。增加人工补饲的密度和饲料量，尤其是夜间补饲。饲喂鸡饲料的，可购买肉鸡生长料。出售前

1～2周，如鸡体较瘦，可增加配合饲料喂量，限制放养进行适度催肥。

后期饲料尽量不用蚕蛹粉、鱼粉、肉粉等动物性蛋白，以免影响肉质风味。菜籽饼粕、棉籽饼粕会对肉质、肉色产生不利影响，应限量或不喂。羊油、牛油等油脂也不能喂，会给产品带来不良异味。不添加人工合成色素、化学合成非营养添加剂及药物。应尽量选择富含叶黄素的原料，如黄玉米、苜蓿草粉、玉米蛋白粉，并可适当添加橘皮粉、松针粉、茴香、桂皮、茶叶末及某些中药，改善肉色、肉质，增加鲜味。

二、增加光照时间和强度

有条件棚舍要增加光照时间和强度，每日光照时间应为20h，光照强度为3lx，以刺激公鸡垂体的发育，促进雄性器官的发育，使羽毛丰满光亮，冠髯大而鲜红。

三、改善环境条件

优质肉鸡在饲养后期，要保持环境的稳定，棚舍内温度稳定在18～20℃，同时保持舍内垫料的干燥，放牧区干燥、不泥泞，保持公鸡羽毛洁净。

四、停止药物的使用

中后期要慎用药物，多用中草药及生物防治，尽量减少和控制药物残留以免影响产品质量，保证食品的安全性。

五、适时出栏

随着日龄的增长，鸡的生长速度逐渐减弱，饲料转化低，但是鸡的肉质风味又与饲养时间的长短和性成熟的程度有关。优质土鸡的上市日龄应根据鸡的品种、饲养方式、日粮的营养、价格行情等情况决定。饲养期太短，鸡肉中水分含量多，营养成分积累不够，鲜味物质及芳香物质含量少，达不到优质土鸡的标准；饲养期过长，肌纤维过老，饲养成本太大，不合算。

因此，最佳上市日龄，小型公鸡 90～100 天，母鸡 110～120 天；中型公鸡 100～110 天，母鸡 120～130 天。此时上市，鸡的体重、鸡肉中营养成分、鲜味物质、芳香物质的积累基本达到成鸡的含量标准，肉质又较嫩，是体重、质量、成本三者的较佳结合点。最好是一次性出栏，避免打持久战。

出栏前需要抓鸡，抓鸡会对鸡群造成强烈应激，为了带来的应激，抓鸡最好在天亮前进行，用手电照明。抓鸡最好抓住鸡的双腿，避免折断脚、翅，以免造成鸡的损伤，降低销售价格。

第五章
产蛋鸡饲养管理

第一节　产蛋前和产蛋初期的管理

一、体重和开产日龄的控制

在产蛋前可以通过分群、饲喂控制、补料数量、饲料营养水平、光照管理和异性刺激等方法，调整体重，将全群的体重调整为大致相同，结合所饲养品种的体重标准，让鸡群开产时基本达到本品种要求体重。一定要注意使开产前的鸡有相应的体重。

鸡群的开产日龄直接影响整个产蛋期的蛋重。母鸡开产日龄越大，产蛋初期和全期所产的蛋就越大。开产日龄与鸡的品种、饲养方式、营养水平和饲养管理技术有关。

一般发育正常的鸡群在 20 周龄左右进入产蛋期。散养土鸡如果管理不当，容易有开产日龄过早或过晚的现象，有的100 多日龄见蛋，有的 200 多天还不开产。过早开产鸡蛋个小，也会使鸡产生早衰，后期产蛋性能降低；开产过晚影响产蛋率和经济效益，通常与品种选育、外界放养环境恶劣和长期营养供给不足有关。要通过体重调整，使鸡有合适的开产日龄。控制鸡在适宜日龄开产。

二、体质储备与饲料配方调整

开产前的鸡体内要沉积体脂肪，一点脂肪储备都没有的鸡是不会开产的。这时补饲饲料的配方，要根据鸡群的实际发育情况做出相应调整，增加饲料中钙的含量，必要时要增加能量与蛋白质的营养水平。产蛋鸡对钙的需要量比生长鸡高 $3\sim4$ 倍，生长期饲粮钙含量 $0.6\%\sim0.9\%$，不超过 1%。一般发育正常的鸡群多在 20 周龄左右进入产蛋期，从 19 周龄（或全群见到第 1 枚鸡蛋）开始将补饲日粮中钙的水平提高到 1.8%，21 周龄调到 2.5%，23 周龄调到 3%，以后根据产蛋率与蛋壳的质量，来决定补饲日粮中钙水平是维持还是调整。当鸡群见第 1 枚蛋时，或开产前 2 周，在饲粮中可以加些贝壳或碳酸钙颗粒，也可以在料槽中放一些矿物质，任开产的鸡采食，直到整群产蛋率达 5% 时，将生长饲粮改为产蛋饲粮。

三、准备好产蛋箱

在鸡舍和散养活动区需要设产蛋箱，让鸡在产蛋箱内产蛋，减少鸡蛋丢失，并保持蛋壳洁净。产蛋箱要能防雨雪，可用砖、混凝土等砌造，石棉瓦做箱顶，箱檐伸出 30cm 以防雨、挡光。也可用木板、铁板或塑料等材料制作，尺寸可做成宽 30cm、深 50cm、高 40cm 大小。鸡喜欢在隐蔽、光线暗的地方产蛋，林地中要把产蛋箱放在光线较暗的地方。鸡舍内产蛋箱可贴墙设置，放在光线较暗、太阳光照射少的位置，并安装牢固，能承重。

窝内铺垫干燥、保暖性好的垫草，可用铡短的麦秸、稻草，或锯末、稻壳、柔软的树叶等，并及时剔除潮湿、被粪便污染、结块的垫草，保持垫料干燥、洁净。

可在鸡群开产前1周在产蛋箱里提前放置假蛋或经过消毒的鸡蛋，诱导鸡进入产蛋箱产蛋。早晨是鸡寻找产蛋地点的关键时间，饲养人员要注意观察母鸡就巢情况，如果鸡在较暗的墙角、产蛋箱下边等较暗的地方就巢做窝，应将母鸡放在产蛋箱内，使鸡熟悉、适应，几次干预以后鸡就会在产蛋箱内产蛋。

四、产蛋鸡的光照

光照对蛋鸡产蛋有重要作用。光照时间和光照强度、光的颜色对鸡的产蛋都有影响。鸡是长日照动物，当春季白天时间变长时，刺激鸡的性腺活动和发育，从而促进其产卵。因日照增长有促进性腺活动的作用，日照缩短则有抑制作用，所以在自然条件下，鸡的产蛋会出现淡旺季，一般春季逐渐增多，秋季逐渐减少，冬季基本停产。散养生态鸡，要获得较高的生产效果，必须人工控制光照。

育成期光照时间不能延长，产蛋期光照只能延长不能减少。产蛋鸡的适宜光照时间，一般认为要保持在16h。产蛋期间光照时间应保持稳定，不能随意变化。增加光照1周后改换饲粮。

光照方法，首先了解当地的自然光照情况，了解不同季节当地每天的光照时间，除自然光照时数外，不足的部分通过人工补光的方法补充。一般多采取晚上补光，配合补料和诱虫同时进行，比较方便。对于产蛋高峰期的蛋鸡，结合补料也可以采用早晨和晚上两次补光的方法。

第二节　蛋鸡的补饲

　　鸡的活动量大，要消耗更多的能量，同时自由采食较多的优质牧草和昆虫，能够提供较多的蛋白质。应该适当提高饲料中能量的含量（柴鸡能量可比笼养时相同阶段营养标准高5%左右），降低蛋白质的含量（柴鸡蛋白质可比笼养时相同阶段营养标准低1%左右）。在林地觅食时还能获得较多的矿物质，饲料中钙的供给可稍降低一些，有效磷保持相对一致。

一、补料量

　　可根据鸡品种、产蛋阶段与产蛋量、林地植被状况等情况具体掌握。

1. 品种

　　现代配套系品种鸡对环境适应力不强，在林地自主觅食的能力较差，并且产蛋较高，补料量应多些。而土鸡觅食能力强，产蛋量较低，一般补料量和补料营养水平相对较低些。

2. 产蛋阶段与产蛋量

　　产蛋高峰期需要的营养多，补料量应多些，其余产蛋期补料量少。但是同是高峰期，同一鸡群中的产蛋率也不同，对不同鸡群的补饲要有差异。

3. 放养地植被状况

　　放养地里可食牧草、昆虫较多，补料可少些，如果牧草和虫体少时，必须增加人工补料。

二、补饲方法

1. 根据鸡群食欲表现

观察鸡的食欲，每天傍晚喂鸡时，鸡表现食欲旺盛，争抢吃食，可以适当多补；如果鸡不急于聚拢，不争食，说明不饿已吃饱，应少补。

2. 根据体重

根据鸡的体重情况确定补料。如果产蛋一段时间后，鸡的体重没有明显变化或变化不大，说明补料适宜；如果体重下降，应增加补料量或提高补料质量。

3. 根据鸡群产蛋表现

看鸡蛋的蛋重变化、产蛋时间、产蛋量变化等情况，确定补料量。

如果蛋重达不到品种要求而过小，说明鸡的营养不足，应该增加补料。土鸡初产鸡蛋小，35g 左右，开产后蛋重不断增加，一般 2 个月后可达 42～44g。

4. 看鸡群产蛋时间分布

大多数鸡在中午 12 时以前产蛋，产蛋量占全天产蛋量 75％左右。如果产蛋时间分散，下午产蛋较多，说明补料不够。

5. 看鸡群产蛋率

开产后一般 70～80 天达到产蛋高峰，说明鸡的营养需要能够满足，补料得当；如果产蛋后超过 3 个月还没有达到产蛋高峰，甚至有时候出现产蛋下降，可能补料不足或存在管理不当等问题。散养土鸡的产蛋高峰一般在 60％以上，现代鸡产蛋率在 65％以上，在判断产蛋高峰时应与常规笼养鸡不同。

6. 观察鸡群健康状况

观察鸡群有没有啄羽、啄肛等啄癖现象。如果出现啄癖，说明饲料营养不均衡，或补料不足，应查清原因，及时治疗。

7. 根据季节变化

植被的生长情况与季节变化有关，要根据季节变化适当调整饲料配方和补饲量。散养的鸡蛋黄颜色深、胆固醇含量低、磷脂含量高。冬季鸡采食牧草、虫体少，为保证所产鸡蛋的品质，要适当给鸡补充青绿多汁饲料，增加各种维生素的添加量，加入 5％左右的苜蓿草粉等。

总之，散养生态鸡，掌握科学、合理的补料方法和补料量是一项关键的技术，与养鸡的效益密切相关，甚至对散养鸡成功与否起着决定性作用，一定要多观察，多总结，避免盲目照搬别人方法，要根据自己鸡群的具体情况灵活掌握。

第三节　产蛋鸡的后期管理

一、鸡蛋的收集

散养鸡的产蛋时间集中在上午，9～12 时产蛋量多，12 点以后产蛋很少。鸡蛋的收集应尽早、及时，以上午为主，高峰期可在上午捡蛋 2～3 次，下午 1～2 次。

集蛋前用 0.01％新洁尔灭洗手、消毒。将净蛋、脏蛋分开放置，将畸形蛋、软壳蛋、沙皮蛋等挑出单放。产蛋箱内有抱窝鸡要及时醒抱处理。

蛋壳洁净易于存放，外观好。脏污的蛋壳容易被细菌污染，存放过程中容易腐败变质，但鸡蛋用水冲洗后不耐存放，也不要用湿毛巾擦洗，可用干净细纱布将污物拭去，0.1％百毒杀消毒后存放。

要保持蛋壳干净，减少窝外蛋，保持垫草干燥、洁净，减少雨后鸡带泥水进产蛋箱等是有效的办法。

二、淘汰低产鸡

散放养鸡时，鸡群的产蛋性能、健康状况和体形外貌都有很大差异，在饲养过程中要及早发现淘汰低产鸡、停产鸡及病残鸡等无经济价值的母鸡，以减少饲料消耗，提高鸡群的生产性能和经济效益。低产、停产鸡大多数在产蛋高峰期后这一阶段出现，饲养过程中应该经常观察，及时发现、淘汰。

产蛋鸡和停产鸡的区别如下。

（1）产蛋鸡眼睛明亮有神，鸡冠、肉髯颜色红润、丰满，用手触摸感觉温暖，羽毛蓬松稀疏、比较干燥，没有油性；低产鸡与停产鸡眼神呆滞，冠和肉髯小、皱缩，颜色苍白、淡红或暗红色，用手触摸没有温暖感，停产鸡身上羽毛光滑、油亮，覆盖丰满，身体过肥或过瘦。

（2）高产鸡用手触摸肛门外侧宽大、湿润，腹部容积大，趾骨间距离可放下三指以上，到秋季，产蛋鸡肛门、喙、眼睑、耳叶、胫部、脚趾等部位黄色素已褪完；停产鸡肛门干燥、收缩无弹性，腹部容积较小，趾骨间距离仅可放下一指，肛门、喙、眼睑、耳叶、胫部、脚趾等部位仍呈黄色。

（3）对鸡群进行日常管理时，必须随时观察、检查、淘汰低产鸡、停产鸡、病残鸡。在早晚观察鸡群时，应特别注意有鸡冠异常肥厚，羽毛光洁丰满，体躯、胫、趾肥厚，黄色素沉着浓厚，这些都是低产鸡的特征，及时淘汰。

（4）在夜间或清晨去鸡舍检查鸡的粪便，粪便多而松软湿润为正常产蛋鸡；而粪便干硬、呈细条状多数是停产的鸡。

应随时根据低产鸡的外貌特征，对疑是停产鸡进行观察，不产蛋者即淘汰。

在管理过程中随时把发现的病鸡或可疑染病旳鸡挑出，隔离治疗，对于卵黄性腹膜炎、马立克病、寄生虫病等引起的鸡冠萎缩、停止产蛋的鸡应立即淘汰。

三、抱窝催醒

抱窝是鸟类的生物学特性之一，属于母性行为，是生物的一种繁殖本能，也是一切卵生动物传宗接代的必需行为。人工饲养条件下鸡是由人工孵化，就巢性多数退化。有些地方品种母鸡就巢性很强，某些品种就巢性甚至高达 50%。如乌骨鸡每产十几枚蛋即出现 1 次抱窝，停止产蛋 25 天，所以产蛋较少，严重制约生产力的发挥，影响饲养效益。

抱窝行为与母鸡的内分泌有关。当脑垂体前叶的催乳素分泌增加时，鸡的卵巢萎缩，就会造成产蛋母鸡的抱窝现象。养鸡时必须注意发现抱窝鸡，及时将其从窝中捉出、隔离，采取有效的办法催醒抱窝母鸡，以提高产蛋数量。

人们在长期的生产实践中，对鸡的抱窝催醒积累了丰富的经验，下列方法供参考。

（1）每只鸡注射丙酸睾丸素 5～10mg，2～3 天醒抱，丙酸睾丸素可迅速拮抗催乳素的生理作用。

（2）每只鸡注射 20％硫酸铜溶液 1mL，可刺激垂体前叶的性激素分泌，使卵巢机能增强，使原抱窝时间降低为 1～2 天。

（3）注射三合激素（丙酸睾丸素、黄体酮和苯甲酸雌二醇的油溶液）。每只鸡肌注 1mL，一般 1～2 天后恢复产蛋。

（4）口服异烟肼。抱窝母鸡按每千克体重 0.08g 口服，第 2 天没有抱醒的鸡按每千克体重 0.05g 再口服 1 次，剩下未抱醒的母鸡再按第 2 次剂量口服，一般可完全消除抱窝现象。

（5）用绳将鸡的双翅绑住，既可降低体温，又可约束鸡的行动，加速醒抱。

四、换羽

母鸡经过一个产蛋周期（约 70 周）后，出现自然换羽现象，换羽期间停止产蛋。如果打算继续饲养，可以采取人工强制换羽措施，以提高母鸡的利用率和减少育成费用。

第六章
散养鸡常见疾病防治

鸡场必须坚持"预防为主，养防结合，防重于治"的原则，建立并严格执行卫生防疫制度，预防疾病的发生，搞好鸡场的防疫工作。

第一节　散放生态养鸡疫病综合防治

一、保持放养地的环境卫生

1. 鸡场做到隔离饲养

为防止传染病的发生，鸡场要做到严格隔离饲养，防止一切病原传到鸡场。要求鸡场建在地势较高、开阔平坦、排水方便、水质好，远离市区、居民区，远离屠宰场、工厂、畜产品加工厂的地方。鸡场禁止外人参观，鸡场门口、生产区入口建消毒池，进场车辆要进行消毒。生产区门口建更衣消毒室和淋浴室，进入生产区的人员要淋浴、更衣、换鞋。不从疫区购买饲料，不使用发霉变质饲料，到正规、信誉好的种鸡场订购雏鸡，注意防鼠、防蚊蝇、防兽害，从根本上杜绝一切病原进入鸡场。

2. 搞好林地和鸡舍环境卫生

经常对鸡只活动场地进行清扫、消毒，饲养结束可对放养地进行深翻。保持适宜的鸡舍温度、湿度、风速，减少鸡舍有害气体和病原微生物的含量，给鸡提供良好的环境，保证鸡只健康。定期对鸡舍进行带鸡消毒，降低舍内空气中的微粒和病原微生物的含量。鸡场内设净道和污道。不能乱扔死鸡，要进行深埋或焚烧。鸡舍清理的粪便要及时运走，进行发酵或烘干处理。

3. 加强饲养管理

根据鸡的不同品种、不同生长发育阶段、不同季节对营养成分的不同要求，相应调整饲料的营养水平，以满足鸡的营养需要，提高鸡体体质，增强鸡群抵抗力。对鸡进行断喙、转群、免疫时，鸡群会发生应激反应，可通过饮水或在饲料中添加维生素K、维生素A、维生素C等，减轻对鸡的影响。

4. 坚持做好消毒工作

消毒是防止传染病发生最重要的环节，也是做好各种疫病免疫的基础和前提。消毒工作一定要要制度化、经常化。

5. 做好免疫工作

免疫是防止传染病发生的重要手段，散放养鸡必须根据鸡场疫病的发生情况认真做好各项疫病免疫工作。

6. 有计划地用药物预防鸡病发生

要有计划地在一定日龄对鸡群进行预防性投药，减少或防止疾病的发生，一旦发生病情，要及时诊断和采取有效措施，控制和扑灭疫病。

二、散养场地消毒方法和措施

消毒是防止传染病发生最重要的环节，也是做好各种疫病免疫的基础和前提。消毒的目的是消灭被病原微生物污染的场内环境、鸡体表面及设备器具上的病原体，切断传播途径，防止疾病的发生或蔓延。

1. 消毒方法

（1）经常性消毒　为预防疾病，对饲养员、饲养设施及用具以及工作衣服、鞋帽进行消毒。在鸡场出入门口、鸡舍门口设消毒池，对经过的车辆人员进行消毒。

（2）定期消毒　对周围环境、圈舍、设备用具如食槽、水槽（饮水器）、笼具、断喙器、刺种针、注射器、针头进行定期消毒。鸡出栏后对场地环境、鸡舍全面清洗消毒，彻底消灭微生物，使环境保持清洁卫生。

（3）突击消毒　发生传染病时，为及时消灭病鸡排出的病原体，对病鸡接触过的圈舍、设备、用具进行消毒，对病鸡分泌物、排泄物及尸体进行消毒。防治鸡病时使用过的器械也应做消毒处理。

2. 消毒措施

（1）机械性清除　用清扫、铲刮、洗刷等方法清除灰尘、污物及沾染在场地、设备上的粪尿、残余饲料、废物、垃圾，减少环境中的病原微生物。可提高化学消毒法的消毒效果。

（2）通风换气　通风可以使舍内空气中的微生物和微粒的

数量减少，同时，通风能加快水分蒸发，使物体干燥，缺乏水分，致使许多微生物不能生存。

（3）光照消毒　如阳光照射。太阳辐射中紫外线具有杀菌作用，能杀死一般病毒和菌体。还可利用紫外线灯照射消毒。

（4）高温消毒　如烘箱内干热消毒、高压蒸汽湿热消毒、煮沸消毒等，主要用于衣物、注射器等的消毒。还有火焰喷射消毒，从专用的火焰喷射消毒器中喷出的火焰具有很高的温度，能有效杀死病原微生物。常用于金属笼具、水泥地面、砖墙的消毒。

（5）化学消毒　通过喷洒化学药品使微生物的蛋白质产生凝结、沉淀或变形等，使细菌和病毒的繁殖发生障碍或死亡以达到消毒目的。

第二节　病　毒　病

一、鸡新城疫

鸡新城疫又叫鸡瘟，是由新城疫病毒引起鸡的一种高度接触性、急性败血性传染病，主要特征为高热、呼吸困难、下痢、神经紊乱、黏膜和浆膜出血。该病死亡率极高，是危害养鸡业的主要传染病。鸡新城疫病毒存在于病鸡所有组织和器官内，包括血液、分泌物和排泄物，以脾、脑、肺含毒量最多，骨髓中带毒时间最长。新城疫病毒对外界环境的抵抗力较强，55℃作用45min和直射阳光下作用30min才被灭活。病毒对乙醚敏感。氢氧化钠等碱性物质对病毒的消毒效果不理想。

3%～5%来苏尔、酚和甲酚 5min 内可将裸露的病毒粒子灭活。

1．流行特点

鸡、火鸡、野鸡、孔雀、鸽、鹌鹑等禽类对本病都有易感性，鸡最敏感。鸭和鹅可带毒传播但不发病。病鸡和带毒禽类是主要传染源。病鸡从口鼻分泌物和粪便中排出病毒，被污染的饲料、水、飞沫、用具等传播本病。本病主要经呼吸道和消化道感染，鸡蛋也可带毒。本病潜伏期 2～15 天。

2．临床症状

根据病程长短可将本病分为最急性、急性、亚急性或慢性。

（1）最急性　见于流行初期，病程很短，往往无明显症状即突然死亡。

（2）急性　体温升高达 43～44℃，精神沉郁，食欲不振，渴欲增加，离群呆立，缩颈闭眼，羽毛松乱，翅膀下垂，鸡冠、肉髯紫红色或紫黑色。病鸡呼吸困难，张口伸颈，发出"咕咕"声。口、鼻中有黏液，倒提时从口中流出大量淡黄色液体，嗉囊内充满气体或液体，有时摇头和频频吞咽。病鸡腹泻，排黄白色或黄绿色稀粪，有的有血便。产蛋鸡产蛋量急剧下降，产软壳蛋、畸形蛋的增多。病程 3～5 天，死亡率高。

（3）亚急性或慢性　多由急性转变而来。病初与急性相似，症状减轻，出现神经症状。多在免疫鸡群中发生，表现亚临床症状或非典型症状。主要有明显呼吸道症状和神经症状，跛行、一肢或两肢瘫痪，两翅下垂，转圈，后退，头后仰或向一侧扭曲。有的腹泻，拉黄绿色稀粪；采食和产蛋减少，产白壳蛋、畸形蛋等。这些症状在病初较轻，随后可日渐变重，因采食困难而死亡。少数也可经数周恢复健康。

3. 病理变化

病理变化为全身败血症，咽部充血、出血。嗉囊内充满酸臭液体和气体。腺胃黏膜水肿，乳头顶端或乳头间有出血点，在腺胃交界处更为明显。肌胃角质层下有出血斑或溃疡。十二指肠和整个小肠黏膜出血，病程稍长的有枣核状坏死灶。盲肠扁桃体肿大、出血和坏死。直肠黏膜皱褶呈条状出血。鼻、喉黏膜充血、出血。气管内多黏液，气管环出血。心冠脂肪有细小如针尖状的出血点。母鸡的卵泡和输卵管充血。

4. 诊断

结合临床症状，如严重下痢，排黄色、绿色稀粪；呼吸困难，死亡较慢者常出现神经症状；病理剖检见腺胃乳头肿胀、出血和溃疡；十二指肠肠黏膜及小肠黏膜出血或溃疡，有时可见枣核状溃疡灶；脂肪组织有细小如针尖状的出血点等，可做出初步诊断，确诊需要进一步做实验室诊断。

5. 防治措施

通过加强卫生管理、疫苗接种等综合措施预防新城疫病的发生。

（1）加强饲养管理　注意饲料营养，减少应激。建立严格的卫生防疫制度，做好鸡场隔离和消毒。

（2）做好疫苗接种　应根据实际情况制定出科学的免疫程序。4～7 日龄雏鸡用新城疫克隆 30 或 L（Lasota）系苗滴鼻免疫；17～21 日龄以克隆 30 或 L 系苗滴鼻或饮水进行第 2 次免疫；60 日龄用 I 系苗肌注免疫。在开产前 2～3 周肌内注射新肾减三联油苗。

6. 治疗

鸡群一旦发生本病，封锁鸡场，对环境进行彻底消毒，并给鸡群进行 I 系苗加倍剂量的饮水免疫或用 L 系加倍肌注。也可在发病早期注射卵黄抗体。

将可疑病鸡检出焚烧或深埋，被污染的羽毛、垫草、粪便、饲料、病死鸡等一同深埋或烧毁。

二、鸡传染性法氏囊病

鸡传染性法氏囊病是由传染性法氏囊病病毒引起的幼鸡的一种急性、接触性传染病。本病最早发生在美国甘布罗镇，所以又叫甘布罗病。传染性法氏囊病是侵害鸡免疫中枢法氏囊，影响鸡体内抗体的产生，使各种疫苗的免疫效力降低或丧失，造成传染病流行。临床上以突然发病、法氏囊肿大、出血和肾脏损害为特征。该病毒对乙醚、氯仿、酚类、升汞和季铵盐等都有较强的抵抗力，对高温和紫外线有一定抵抗力，对含氯化合物、含碘制剂、甲醛敏感。1%石炭酸、甲醇、福尔马林或 70% 酒精处理 1h 可杀死病毒，3% 石炭酸、甲醇处理 30min 也可灭活病毒，0.5% 氯化铵作用 10min 能杀死病毒。

1. 流行特点

主要感染 2～16 周龄幼鸡，3～6 周龄时最易感。本病无季节性，全年都可发病。本病具有高接触性，可在感染鸡和易感鸡之间迅速传播。病鸡及隐性感染的带毒鸡是本病的主要传染源。污染的饲料、饮水、垫草、用具等都可引起传播。主要经消化道、呼吸道感染。

2. 临床症状

本病潜伏期很短，感染后 2～3 天出现临床症状，早期为厌食、呆立、羽毛蓬乱、畏寒战栗等，部分鸡有自行啄肛现象。病鸡下痢，排白色或黄白色稀粪，肛门周围羽毛被粪便污染。发病突然，病鸡食欲减退，精神沉郁，羽毛蓬乱，常呆立不动，脱水，最后衰竭而死。出现症状后 2～3 天为死亡高峰，随后鸡群康复较为迅速。鸡群病程一般 5～7 天。病鸡常继发感染鸡新城疫、大肠杆菌病、球虫病等。

3. 病理变化

病鸡脱水，胸肌颜色发暗，股部和胸部肌肉常有出血，呈斑点或条纹状。腺胃和肌胃交界处有出血斑或散在出血点。法氏囊浆膜呈胶冻样肿胀，有的法氏囊可肿大 2～3 倍，呈点状出血或出血斑，严重者法氏囊内充满血块，外观呈紫葡萄状。病程长的法氏囊萎缩，呈灰黑色，有的法氏囊内有干酪样坏死物。肾肿大，呈斑纹状，输尿管中有尿酸盐沉积。

4. 诊断

根据流行病学特点、临床症状、剖检病变可初步诊断本病，进一步确诊须依据病毒分离鉴定和血清学试验。

5. 防治措施

（1）加强鸡群的饲养管理　做好清洁卫生及消毒工作，减少和避免各种应激因素等，是预防传染性法氏囊病的基本措施。

（2）免疫接种　通过有效的免疫接种，使鸡群获得特异性免疫，是防治法氏囊病最重要的措施。提高雏鸡的母源抗体水平，种鸡除在雏鸡阶段进行中等毒力的活疫苗免疫以外，还应在 18～20 周龄和 40～42 周龄时各进行 1 次传染性法氏囊炎油乳剂灭活苗的免疫。雏鸡可在 12～14 日龄进行首免，用传染性法氏囊弱毒苗滴口或饮水；20～24 日龄进行二免，用传染性法氏囊疫苗中等毒力苗饮水。

6. 治疗

对发病鸡群可提高维生素含量，适当提高鸡舍温度，饮水中加 5% 的葡萄糖或补液盐，提高鸡只免疫力，减少各种应激。发病早期用传染性法氏囊炎高免蛋黄抗体肌内注射，有较好的防治作用。当有细菌病混合感染时，要配合使用抗生素控制继发感染。

三、马立克病

马立克病是由疱疹病毒引起的鸡的一种淋巴组织增生性肿瘤疾病。其主要特征是病鸡外周神经淋巴样细胞浸润和增大，引起肢（翅）麻痹及内脏器官、眼、肌肉和皮肤形成肿瘤病灶。疱疹病毒抵抗力较强，在粪便和垫料中的病毒，室温下可存活 4～6 个月之久，对化学药物敏感，常用消毒剂在 10min 内可将其灭活，福尔马林熏蒸可在短时间内将其灭活。

1. 流行特点

本病主要感染鸡，不同品系的鸡均可感染。传染源为病鸡和带毒鸡，其脱落的羽毛囊上皮、皮屑和鸡舍中的灰尘是主要传染源。病鸡和带毒鸡的分泌物、排泄物也具传染性。病毒主要经呼吸道传播。本病具有高度接触性传染，病毒一旦侵入易感鸡群，其感染率几乎可达 100%。本病发生与鸡年龄有关，年龄越轻，易感性越高，因此，1日龄雏鸡最易感。本病多发于 5～8 周龄，高峰多在 12～20 周龄。我国地方品种鸡较易感。

2. 临床症状与病理变化

根据临床表现分为神经型、内脏型、眼型、皮肤型四种类型。

（1）神经型　主要表现为步态不稳、共济失调。特征症状是一肢或多肢麻痹或瘫痪，形成一腿伸向前方一腿伸向后方，呈"劈叉"姿势。当臂神经受损时，翅膀麻痹下垂；颈部麻痹致使头颈歪斜，嗉囊因麻痹而膨大。剖检可见受害神经肿胀变粗，常发生于坐骨神经、颈部迷走神经等，神经纤维横纹消失，呈灰白或黄白色。一般病鸡精神尚好，并有食欲，但由于行走受阻，往往由于饮不到水而脱水，吃不到饲料而衰竭，或被其他鸡只踩踏，最后均以死亡而告终，多数情况下病鸡被淘汰。

（2）内脏型　常见于 50～70 日龄的鸡，病鸡精神委顿，食欲减退，羽毛松乱，下痢，迅速消瘦，死亡率高。剖检可见内脏器官有灰白色的淋巴细胞性肿瘤。常见于性腺（尤其是卵巢），其次是肾、脾、心、肝、肺、胰等器官组织。

（3）眼型　视力减退，甚至失明。主要侵害虹膜，可见虹膜增生退色，呈浑浊的淡灰色，瞳孔收缩，边缘不整呈锯齿状。

（4）皮肤型　毛囊肿大或皮肤出现结节，最初见于颈部及两翅皮肤，以后遍及全身皮肤。

3. 诊断

根据典型临床症状和病理变化可做出初步诊断，确诊需进一步做实验室诊断。内脏型马立克病应与鸡淋巴性白血病进行鉴别，主要区别是马立克病常侵害外周神经、皮肤、肌肉和眼睛的虹膜，法氏囊被侵害时可能萎缩，而淋巴细胞性白血病没有这些症状，法氏囊被侵害时常见结节性肿瘤。

4. 防治措施

（1）接种疫苗　接种疫苗是控制本病极重要的措施，雏鸡出壳后 24h 内立即注射马立克疫苗，使用时严格按照说明操作，确保安全有效。在马立克病发病地区，环境污染严重的鸡场可在 18～21 日龄进行二次免疫。

（2）搞好孵化室和育雏鸡舍的卫生与消毒　对种蛋和孵化室进行熏蒸消毒，育雏室进雏前彻底清扫，熏蒸消毒，育雏前 2 周内最好采取封闭式饲养，防止雏鸡的早期感染。加强饲养管理，饲喂全价饲料，增强鸡体的抵抗力，严禁闲散人、畜出入鸡舍。注意防止早期感染鸡法氏囊炎、球虫、鸡沙门杆菌等病，避免各种应激因素，以免使鸡对马立克病的抵抗力下降。

散放养鸡，必须重视鸡马立克疫苗接种，购进雏鸡前一定要问清楚是否接种马立克疫苗，确认接种后再购雏。

四、传染性支气管炎

传染性支气管炎是由病毒引起的鸡的一种急性、高度接触性的呼吸道传染病。主要特征是咳嗽、喷嚏、气管啰音。雏鸡还可出现流鼻液，蛋鸡产蛋减少，蛋质下降。病毒对外界抵抗力不强，加热 15min 死亡，但对低温的抵抗力则很强，在 −20℃时可存活 7 年。常用消毒剂，如 1％来苏尔、1％石炭酸、0.1％高锰酸钾、1％福尔马林及 70％酒精等均能在 3～5min 内将其杀死。

1. 流行特点

本病只有鸡发病，其他家禽均不感染。各种年龄、品种的鸡都可发病，但雏鸡最为严重，以 40 日龄以内的鸡多发，死亡率也高。本病主要经呼吸道感染，病鸡咳嗽产生飞沫传染，也可通过被污染的饲料、饮水及饲养用具经消化道感染。鸡群拥挤、过热、过冷、通风不良、温度过低、缺乏维生素和矿物质，以及饲料供应不足或配合不当，均可促使本病的发生。本病一年四季均能发生，但以冬秋季多发。

2. 临床症状

传染性支气管炎的潜伏期 1～7 天，平均 3 天。幼雏症状为，伸颈、张口呼吸、咳嗽，有"咕噜"音，精神萎靡，食欲废绝，翅下垂，昏睡，怕冷，常拥挤在一起。2 周龄以内的病雏鸡，还常见鼻窦肿胀、流黏性鼻液、流泪等症状，病鸡常甩头。2 月龄以上和成年鸡发病主要症状是呼吸困难，咳嗽，喷嚏，气管有啰音，产蛋鸡感染后产蛋量下降 25％～50％，产软壳蛋、畸形蛋或砂壳蛋，蛋白稀薄如水样。肾型传染性支气管炎，病鸡除表现呼吸症状外，还喜喝水，厌食，排白色稀便，粪便中几乎全是尿酸盐。患病的幼年母鸡，可造成输卵管永久性损害，长成成鸡后成为"假产蛋鸡"。腺胃型传染性支气管炎主要表现为病鸡流泪、眼肿、极度消瘦、拉稀和死亡，并伴有呼吸道症状。

3. 病理变化

气管、支气管、鼻腔有浆液或干酪样渗出物。气管环出血，管腔中有黄色或黑黄色栓塞物。幼雏鼻腔、鼻窦黏膜充血，鼻腔中有黏稠分泌物，肺脏水肿或出血。患鸡输卵管发育受阻，变细、变短或呈囊状。产蛋鸡腹腔可见液状卵黄物质。卵泡充血、出血，卵巢呈退行性变化。发生肾型传染性支气管炎时，肾脏肿大、苍白，肾小管或输尿管充满尿酸盐结晶，称"花斑肾"。发生腺胃型传染性支气管炎时，腺胃肿胀，腺胃壁增厚，腺胃黏膜及乳头出血、溃疡，十二指肠、空肠、直肠和盲肠扁桃体出血。

4. 诊断

根据流行病学、临床症状和病理变化可做初步诊断，确诊需做病毒分离和血清学检查。注意和传染性喉气管炎、传染性鼻炎、慢性呼吸道病、鸡新城疫等鉴别诊断。鸡新城疫发病较本病严重，在雏鸡可见到神经症状。鸡传染性喉气管炎的呼吸道症状和病变比鸡传染性支气管炎严重，传染性喉气管炎很少发生于幼雏，而传染性支气管炎幼雏和成年鸡都能发生。传染性鼻炎的病鸡常见面部肿胀。肾型传染性支气管炎常需与痛风鉴别，痛风一般无呼吸道症状，无传染性，多与饲料配合不当有关，分析饲料中蛋白、钙磷即可确定。

5. 防治措施

（1）加强饲养管理　做好鸡舍通风保温，避免和减少应激，做好卫生消毒。

（2）免疫　呼吸型传染性支气管炎，首免可在7～10日龄用传染性支气管炎 H120＋HK（肾型）疫苗点眼或滴鼻；二免在25～30日龄用传染性支气管炎 H52 弱毒疫苗点眼或滴鼻；开产前用传染性支气管炎灭活油乳疫苗肌内注射，每只0.5mL。如以前发生过肾型传染性支气管炎，再育雏时可在5～7日龄和20～30日龄用肾型传染性支气管炎弱毒苗进行免疫接种，或用灭活油乳疫苗于7～9日龄颈部皮下注射。

6. 治疗

本病尚无特异性治疗方法。改善饲养管理条件，降低鸡群密度，在饲料或饮水中加入多种维生素，使用肾肿解毒类利尿保肾药物对疾病有一定辅助作用。有细菌感染时使用抗生素防止继发感染，降低死亡率。

五、鸡传染性喉气管炎

鸡传染性喉气管炎是由传染性喉气管炎病毒引起的一种急性、接触性呼吸道传染病。本病特征是呼吸困难，咳嗽，咳出血样渗出物。剖检时可见喉部、气管黏膜肿胀、出血和糜烂。本病传播快，死亡率高。该病毒主要存在于病鸡的气管组织及其渗出物中。病毒对外界环境的抵抗力很弱，37℃存活 22～24h，加热 55℃存活 10～15min，煮沸立即死亡。常用的消毒药，如 3％来苏尔、1％氢氧化钠溶液 1min 可将其杀死。

1. 流行特点

在自然条件下，本病主要侵害鸡，各种品种、性别、年龄的鸡均可感染，但以成鸡症状最典型。病鸡和康复后的带毒鸡是主要传染源，主要经呼吸道感染。被污染的垫草、饲料、饮水及用具，都可成为传播媒介。种蛋也可能传播。本病传播迅速，一旦发病可迅速传开。鸡舍拥挤、通风不良、饲养管理不良、缺乏维生素和寄生虫感染等，都可促进本病的发生和传播。

2. 临床症状

潜伏期自然感染为 6～12 天。

鸡群发病突然，精神不振，病鸡初期有鼻液，呈半透明状，流眼泪，结膜发炎，进而表现为呼吸道症状，呼吸时发出湿性啰音，咳嗽，甩出黏液或黄白色豆渣样渗出物，吸气时头和颈部向前向上、张口尽力吸气。病情严重时，极度呼吸困难，痉挛咳嗽，可咳出带血的黏液。在鸡舍墙壁、垫草、鸡笼、鸡背羽毛或邻近鸡身上常沾有血痕。如黏液过多可导致窒息死亡。病鸡食欲减少或消失，鸡冠及肉髯呈暗紫色，迅速消瘦，排出黄白色或淡绿色的稀粪，最后衰竭死亡。最急性病例可于 24h 左右死亡，多数 5～10 天或更长，不死者多经 8～10 天恢复，有的可成为带毒鸡。产蛋鸡的产蛋量迅速减少（可达 35%）或停止，康复后 1～2 个月才能恢复。

3. 病理变化

喉头和气管肿胀、充血、出血，气管中有的含血黏液或血凝块，气管管腔变窄，上附有黄白色纤维素性干酪样假膜。严重时炎症可波及支气管、肺和气囊、鼻腔和眶下窦。

4. 诊断

本病常突然发生，传播快，发病率高；表现为呼吸困难、头向前或向上吸气，喘气有啰音，咳嗽时可咳出带血的黏液等典型症状，剖检可见喉气管出血性炎症病变。注意与鸡新城疫、传染性支气管炎鉴别诊断。传染性支气管炎不咳出带血黏液，喉头器官黏膜苍白，没有出血性炎症。

5. 防治措施

（1）加强饲养管理 鸡场应执行严格的隔离、消毒等卫生防疫措施，提高鸡体抵抗力。

（2）免疫 在从未发生过本病的地区不宜应用疫苗。在有本病流行的地区，可使用弱毒疫苗，涂肛或点眼接种。操作必须严格按照使用说明进行。鸡群接种后可产生结膜炎、呼吸困难等疫苗反应，可用抗菌药防止继发感染。一般可在 35～45 日龄进行首免，在 90 日龄进行第二次免疫。

6. 治疗

鸡群发病后，立即使用弱毒疫苗紧急接种。对饲养管理用具和鸡舍进行消毒。本病没有特效药物治疗，可使用抗病毒中草药对症治疗，并用抗菌药物防止继发性感染。

六、鸡痘

鸡痘是由鸡痘病毒引起的一种接触性传染病，一年四季均可发病，秋冬季节发病率较高。其特征为皮肤出现结节状增生；喉头、口腔和食管黏膜发生增生病变。鸡痘病毒对外界的抵抗力相当强，病毒经 60℃ 热处理 90min 后仍有活性，3h 才能杀死，在 0～15℃ 低温下保存多年仍有感染力。但对消毒药较敏感，在 1％氢氧化钠、1％醋酸或 0.1％升汞溶液中 5min 即可被杀死。

1. 流行特点

鸡痘主要发生于鸡和火鸡，鸽有时也发病，鸭和鹅易感性则较低；各种年龄、性别和品种的鸡都能感染，但以雏鸡病情严重、死亡率最高。

主要通过皮肤或黏膜伤口感染，蚊、蝇等吸血昆虫可携带病毒进行传播。打架、啄羽造成外伤，鸡群过分拥挤、通风不良、鸡舍阴暗潮湿、饲养管理太差等均可促使该病发生。

2. 临床症状

鸡痘的潜伏期一般是4～10天，根据症状、病变以及病毒侵害机体部位的不同分为皮肤型、黏膜型和混合型三种。

（1）皮肤型　在身体无羽毛部位，如冠、肉髯、口角、眼睑、翅的内侧等部位产生灰白色的小结节，随后迅速增大，形成灰黄色的结节互相融合形成大的痘痂，坚硬而干燥，表面凹凸不平。揭去痘痂，皮肤会露出一种出血凹陷病灶。如果眼部发生痘痂，可使眼缝完全闭合；发生在口角，则影响鸡的采食。皮肤型鸡痘一般全身症状较轻，但感染严重的病例，表现为精神萎靡、食欲不振、体温升高、体重减轻，母鸡产蛋下降或停产。

（2）黏膜型（白喉型）　口腔、咽喉、鼻腔、气管黏膜发生痘疹。初期为黄白色圆形小结节，稍突出于黏膜表面，逐渐扩散，形成由坏死的黏膜组织和炎症渗出物凝固组成的黄白色干酪样伪膜，不易剥离，将伪膜剥下后，露出红色出血溃疡灶。口腔和喉部黏膜有伪膜时，引起吞咽和呼吸困难，发出"咯咯"叫声，伪膜脱落掉入气管可引起窒息。侵害鼻腔，流出淡黄色的脓液。侵害眼睛时，眼肿胀，充满脓性分泌物或纤维蛋白性渗出物。翻开眼睛，可见到干燥黄白色干酪样物。病鸡表现为精神不振、吞咽困难，逐渐消瘦。

（3）混合型　混合型鸡痘，皮肤和口腔黏膜同时发病。

鸡痘的发病率与病毒的毒力、饲养管理条件有关。成年鸡死亡率低，雏鸡可达10%以上，严重者死亡率可达到50%。

3. 诊断

可根据皮肤、黏膜出现结节和特殊的痂皮及伪膜做出初步判断。

本病应与传染性支气管炎、鸡传染性喉气管炎、白念珠菌病等相区别。传染性支气管炎在气管上皮细胞中可检测到核内包涵体。白念珠菌感染，形成的假膜是较松脆的干酪样物，容易剥离，剥离后不留痕迹。鸡传染性喉气管炎传播快、致死率高，患鸡呼吸困难，患结膜炎，喉部和气管黏膜肿胀、坏死、出血，病鸡常咳出血痰。

4. 防治措施

（1）加强饲养管理　不同日龄、不同品种的鸡应分群饲养，避免啄癖或机械性损伤。搞好鸡场及放养地环境的清洁卫生，消灭蚊虫，定期消毒。

（2）疫苗免疫　接种鸡痘疫苗是预防鸡痘最有效的方法。目前常用的是鸡痘弱毒疫苗，采用翼翅刺种法接种。一般在10～20天首免，产蛋前1～2个月第2次免疫。在接种后5～17天接种部位出现绿豆大小痘疹，10天形成痂皮，表示接种疫苗有效，否则应重新接种。一般疫苗接种后10～14天产生免疫力，免疫期可持续4～5个月。

5. 治疗

目前尚无特效药物，主要采用对症疗法，以减轻病鸡的症状和防止继发性细菌感染。

皮肤上的痘痂，一般不做治疗，必要时可用消毒镊子把患部的硬痂皮剥掉，伤口涂龙胆紫或碘甘油（碘酊1份、甘油3份混合）。口腔、咽喉黏膜上的病灶，可用镊子将伪膜轻轻剥离，用高锰酸钾溶液冲洗，再用碘甘油涂擦口腔。病鸡眼部发生肿胀时，可将眼内的干酪样物挤出，用2%硼酸溶液冲洗，再滴入5%的蛋白银溶液。

对发病鸡群，可在饲料或饮水中添加抗生素，防止继发感染。

七、禽流感

禽流感是禽流行性感冒的简称，是由禽 A 型流行性感冒病毒引起的一种全身性、出血性败血症，主要侵害禽的呼吸道、消化道和生殖道。根据禽流感病毒致病性和毒力的不同，可以将禽流感分为高致病性禽流感、低致病性禽流感和无致病性禽流感。禽流感病毒有不同的亚型，由 H5 和 H7 亚型毒株（以 H5N1 和 H7N7 为代表）所引起的疾病称为高致病性禽流感（HPAI），H 和 N 都是指病毒的糖蛋白（蛋白质），一种糖蛋白叫血凝素（HA），另一种叫神经氨酸酶（NA），由于这两种糖蛋白容易发生变异，因此，根据糖蛋白变异的情况，HA 分为 H1～H15 十五个不同的型别，NA 分为 N1～N9 九个不同的型别。其中 H5 与 H7 为高致病亚型。病禽的所有组织、器官、血液、分泌物、排泄物、禽卵中都含有病毒。其中以呼吸道、粪便、分泌物、血液、肺、脾、肝等含毒量为较高。禽流感病毒对高温、紫外线、各种消毒药敏感，容易被杀死。病毒在 56℃ 3min、60℃ 10min、70℃ 2min 即能被灭活，直射阳光下 40～48h 可被灭活。氢氧化钠、漂白粉、福尔马林、过氧乙酸等消毒药在常用浓度下可杀死病毒，但存在于有机物如粪便、鼻液、泪水、唾液、尸体中的病毒能存活很长时间。在自然环境中的禽流感病毒，在低温和潮湿的条件下能存活很长时间，如粪便中的流感病毒，其传染性在 4℃ 可存活30～35 天，20℃ 存活 7 天。在家禽发病期间，被分泌物和粪便污染的水槽、池塘的水中，常可发现病毒。

1. 流行特点

不同品种、不同日龄的鸡都可感染发病。一年四季均可发生，但禽流感病毒在低温条件下抵抗力较强，在冬季和春季多发。病禽和带毒的禽及动物是主要传染源。感染禽可从呼吸道、结膜和粪便排出病毒，通过空气、粪便、被污染的饲料、水、用具等进行传播。带有禽流感病毒的禽群和禽产品的流通、疫区人员和运输车辆往来可造成本病传播。

2. 临床症状

禽流感的潜伏期由几小时至几天不等。临床症状由于感染病毒的毒力、鸡的种类、年龄、性别、并发感染程度和环境因素等而有所不同。

（1）最急性型　由高致病性的病毒引起，无明显症状，突然死亡。

（2）急性型　是禽流感常见的病型。由中等毒力的病毒引起，潜伏期为 4～5 天。病鸡精神沉郁，体温升高至 43～44℃，食欲减低或消失；咳嗽、打喷嚏，流泪，呼吸困难，发出尖叫声；头部和脸部水肿；腹泻，排水样、灰绿或黄绿色粪便；冠和肉髯发紫或苍白，羽毛松乱，蛋壳质量变差。有的表现为神经紊乱。急性重症死亡率高达 75% 以上。

（3）慢性型　由低毒力病毒引起，只表现轻微的一过性呼吸道症状，发病率和死亡率都很低。

3. 病理变化

鸡冠肉髯肿胀、发紫、坏死，眼眶周围、头颈及胸部皮下水肿。气管黏膜水肿，有浆液性或干酪样渗出物。有时脚趾肿胀变紫。口腔内有黏液，黏膜出血。腺胃、肌胃角质膜下有出血，肠道充血出血，胰脏出血坏死，体内脂肪点状或斑状出血。卵巢及输卵管充血或出血，发生输卵管炎或卵黄性腹膜炎。

4. 诊断

根据疾病的流行情况、症状及全身出血性病变初步诊断，确诊须做病原分离鉴定和血清学试验。

5. 防治措施

（1）搞好卫生防疫　不从疫区购鸡和饲料，控制外来人员及车辆进入鸡场，防止野鸟进入鸡舍。流行季节每天用过氧乙酸、次氯酸钠对环境和鸡舍消毒。

（2）免疫接种　25～30日龄和110～120日龄接种禽流感疫苗。

（3）发病后措施　一旦发病，要严格执行封锁、隔离、消毒、捕杀病鸡等措施。对鸡场进行彻底清洗和消毒，鸡舍要经过充分清洗和消毒后，空舍30天以上检查合格再养鸡。

第三节　细菌性疾病防治

一、鸡白痢

鸡白痢是由鸡白痢沙门菌引起的一种急性败血性传染病，病鸡表现不吃饲料，精神沉郁或昏睡，下痢和内脏器官形成坏死结节，发病率和死亡率较高，是一种严重危害雏鸡成活率的疾病之一。成年鸡一般无临床症状，呈慢性或隐性感染。鸡白痢沙门菌为革兰阴性菌，菌体两端钝圆、中等大小、无荚膜、无鞭毛、不能运动。本菌对热及直射阳光的抵抗力不强，60℃加热 10min 内死亡，但在干燥的排泄物中可活 5 年，粪便中存活 3 个月以上，尸体中存活 3 个月以上。附着在绒毛上的病菌可存活 3 个月以上。常用的消毒药物都可迅速杀死本菌。

1. 流行特点

易感动物为鸡和火鸡，不同品种、年龄、性别的鸡都有易感染性，但雏鸡最易感。2 月龄以内的雏鸡发病率和死亡率都高。随着日龄的增加，鸡的抵抗力也随之增强。病鸡和带菌鸡是主要传染源。成年母鸡感染后，多成为慢性和隐性感染者，长期带菌，是本病的重要传染源。可通过消化道、呼吸道、交配等传播，也可经蛋垂直传播。雏鸡饲养管理不良、温度忽高忽低、饲料营养不全、长途运输等，都可促使本病发生。本病一年四季均可发生，尤以冬春育雏季节多发。

2. 临床症状

（1）雏鸡　由带菌蛋孵出的雏鸡，大部分在 7 天内死亡。病雏怕冷、翅膀下垂、精神不振、停食、嗜睡。排白色黏稠粪便，肛门周围羽毛有石灰样粪便粘污，甚至堵塞肛门，影响排便。排粪时常发出尖叫，腹部膨大。肺炎感染时出现呼吸困难，伸颈张口呼吸。有时表现关节肿胀，跛行。

（2）成年鸡　通常不表现明显症状，呈慢性或隐性经过。但感染卵巢的母鸡表现产蛋量下降，蛋的孵化率降低，死胎增多，孵出感染鸡雏。个别病鸡表现精神不振，减食，消瘦，下痢。

3. 病理变化

肝脏肿大充血，或有条纹状出血。胆囊肿大，充满胆汁；

病程稍长的，可见卵黄吸收不全，呈油脂状或淡黄色豆腐渣样；肝、肺、心肌、肌胃上有灰黄色或灰白色坏死灶或结节，心肌上结节增大时可使心脏显著变形。盲肠膨大，内容物有干酪样阻塞物。

成年母鸡常见卵巢炎，可见卵泡萎缩、变形，呈黄绿色、灰色，有的卵泡内容物呈水样、油状或干酪样。有的卵泡破裂，流入腹腔导致腹膜炎致腹水，腹腔器官粘连。公鸡睾丸发炎，睾丸萎缩变硬、变小，输精管内有干酪样物质充塞而膨大。

4. 诊断

根据典型临床症状和病理变化可做出初步诊断，确诊需进一步做实验室诊断。

5. 防治措施

（1）严格执行卫生、消毒和隔离制度　做好环境、饲料、饮水卫生，认真搞好种蛋、孵化过程的消毒工作。种鸡场定期检疫，及时淘汰带菌鸡。

（2）加强育雏饲养管理卫生　鸡舍及一切用具要经常消毒。搞好鸡舍保温和通风。育雏时使用环丙沙星、庆大霉素等药物进行预防。

6. 治疗

庆大霉素按 0.01g/kg（体重）的量通过饮水给病鸡服用。环丙沙星按 25～50mg/L 的量通过饮水或拌料给病鸡服用，连用 5～7 天。有条件的鸡场最好做药敏试验，据试验结果选择高敏药物治疗，疗效较好。

二、鸡大肠杆菌病

鸡大肠杆菌病是由埃希大肠杆菌引起的禽类传染病。其特征是引起心包炎、肝周炎、气囊炎、腹膜炎、输卵管炎、脐炎、滑膜炎、肉芽肿、眼炎等病变。

本病病原菌为革兰阴性小杆菌。大肠杆菌是健康畜禽肠道中的常在菌，可分为致病性和非致病性两大类。大肠杆菌是一种条件性疾病，在卫生条件差、饲养管理不良、鸡的抵抗力下降等情况下，容易诱发本病。大肠杆菌对环境的抵抗力很强，附着在粪便、土壤、鸡舍的灰尘或孵化器的绒毛、破碎蛋皮等的大肠杆菌能长期存活。

1. 流行特点

大肠杆菌在自然环境中、饲料、饮水、鸡的体内、孵化场、孵化器等各处普遍存在。该菌在种蛋表面、鸡蛋内、孵化过程中的死胚及毛蛋中分离率较高。各日龄鸡均易感染发病，病原可以经呼吸道、消化道、可视黏膜感染鸡。也可由感染的种鸡经种蛋垂直传播给雏鸡。交配等途径可引起种公母鸡间的感染发病。

本病一年四季均可发生，在多雨、闷热、潮湿季节多发。常继发或并发鸡慢性呼吸道病、传染性支气管炎、鸡新城疫等。

2. 临床症状和病理变化

鸡大肠杆菌病的临床症状因发病日龄、感染途径、病原侵害部位不同，其临床症状和病理变化各有不同。

（1）脐炎型　经种蛋感染或在孵化后感染。雏鸡出壳后表现精神沉郁，腹部膨大，脐炎，卵黄吸收不良，排出白色、黄绿色稀便，多在2～3日内死亡。耐过鸡多数因卵黄吸收不良发育迟缓。剖检可见卵黄囊不吸收，卵黄膜充血、出血，囊内卵黄液黏稠或稀薄，呈黄绿色。肠道呈卡他性炎症。肝脏肿大，有散在的淡黄色坏死灶，肝包膜略有增厚。

（2）败血型　是大肠杆菌病较常见病型。病鸡表现精神不振，采食减少，羽毛松乱，排黄绿色稀粪，消瘦，衰竭而死亡。剖检见严重的纤维素性心包炎、肝周炎、气囊炎、腹膜炎等。

① 气囊炎　经常和支原体病并发，病鸡表现呼吸困难、咳嗽等。

剖检见气囊浑浊增厚，气囊膜上有淡黄色或黄白色干酪样渗出物；心包膜增厚，心包内有纤维素性渗出物；肝脏表面有纤维素样渗出物。

② 卵黄性腹膜炎或输卵管炎　输卵管黏膜充血，管内有干酪样物，严重时堵塞输卵管后蛋落入腹腔引起腹膜炎。

③ 其他脏器受侵害的病变　眼炎，主要表现为眼部肿胀，眼内积液或有干酪样渗出物。肠炎，排淡黄色、灰白色或绿色混有血液的稀便，小肠黏膜充血、出血。肉芽肿，心、肝、十二指肠及肠系膜有黄白色大小不等的肉芽结节。关节炎，跛行，关节明显肿胀，关节周围组织充血水肿，滑膜囊内有渗出物。

3. 诊断

根据流行特点、临床诊断及病理变化可做初步诊断，确诊需要实验室检查。

4. 防治措施

（1）加强饲养管理　搞好环境卫生消毒，严格控制饲料、饮水卫生和消毒。防止饲养密度过大，保持鸡舍通风换气，及时清除粪便减少诱发因素。孵化场还须做好种蛋的消毒，以减少种蛋污染。对场地、用具等进行彻底消毒。定期进行带鸡消毒。

（2）疫苗接种预防　由于大肠杆菌有许多血清型，用本场分离的致病性大肠杆菌制成油乳剂灭活苗免疫本场鸡群对预防大肠杆菌有一定作用。

5. 治疗

发生鸡大肠杆菌病时，可用药物进行治疗。常用药物有丁胺卡那霉素、庆大霉素、新霉素、诺氟沙星、环丙沙星、恩诺沙星等。由于大肠杆菌易产生耐药性，有条件时应进行药物敏感试验，选用敏感药物进行治疗。

三、禽霍乱

禽霍乱又称鸡巴氏杆菌病、鸡出血性败血症，是由巴氏杆菌引起的一种急性败血性传染病。本病病原是多杀性巴氏杆菌。多杀性巴氏杆菌对消毒药抵抗力不强，在5%生石灰、1%漂白粉、50%酒精、0.02%升汞溶液内1min可将其杀死。一般消毒药物很容易将它杀死。对热抵抗力不强，60℃经10min即死亡，在阳光照射下也很快死亡。

1. 流行病学

该菌在自然界中广泛分布，在饲养管理不良、气温突变和鸡抵抗力下降时即可引起发病。一年四季都能发病，以春秋季节多见。常散发或地方性流行。雏鸡对巴氏杆菌有一定抵抗力，感染较少，3~4月龄的鸡和成鸡易感。本病主要传染源是病鸡和带菌家禽。病鸡排泄物污染饲料、饮水，通过消化道传播。病鸡咳嗽、鼻腔分泌物排出病菌，通过飞沫经呼吸道传染。带菌家禽常无临床症状，但可排出病菌污染周围环境、用具、饲料和饮水。

2. 临床症状

（1）最急性型　常见于流行初期，成年高产蛋鸡易发生，病鸡无临床症状，突然死亡。

（2）急性型　病鸡精神不振，羽毛松乱，缩颈闭目。体温升高，不食或少食，饮水增多。口鼻分泌物增加，自口中流出黏液，挂于嘴角。呼吸加快，发出"咯咯"声。拉黄、灰绿色稀粪。产蛋鸡产蛋停止，最后衰竭而死。一般1～3天死亡。

（3）慢性型　精神委靡，消瘦，肉冠、肉髯肿大，黏膜苍白，病鸡经常腹泻，咳嗽，关节肿大。病程可达1个月以上。

3. 病理变化

（1）最急性型　见不到明显变化，或仅有心外膜散布针尖大点状出血，肝脏有细小坏死灶。

（2）急性型　肝脏体积稍肿大，棕色或棕黄色，质地脆弱，被膜下和肝实质中有弥散性、数量较多的灰白色或黄白色针尖大出血点。心脏扩张，心包积液，心脏有血凝块，心冠脂肪有针尖大出血点。心外膜有小出血点。皮下组织和腹部脂肪、肠系膜、浆膜等处常有小出血点。肺脏质脆，呈棕色或黄棕色。

（3）慢性型　可见关节、腱鞘、卵巢等发炎和肿胀。以呼吸道症状为主时，可见鼻腔、气管卡他性炎症。

4. 诊断

根据病史、临床症状和病理变化怀疑本病时，可用肝脏或心血作涂片，染色镜检。确诊须做病原分离、鉴定和动物接种。

5. 防治措施

（1）加强饲养管理　搞好鸡舍、运动场卫生，经常清洗消毒用具。

（2）免疫　常发地区可用禽霍乱氢氧化铝甲醛菌苗，3月龄以后每只胸肌注射2mL，免疫3个月。

6. 治疗

一旦鸡群发病应立即隔离病鸡，烧毁或深埋病死鸡，场地及用具用高效强力消毒灭菌剂或百毒杀彻底消毒，防止病菌扩散。多种药物对鸡霍乱有治疗效果，应结合药敏试验选择敏感药物治疗。

常用药物有庆大霉素、环丙沙星、恩诺沙星、喹乙醇等。青霉素按每只成年鸡肌内注射20000～50000IU，每天2～3次，连用2天。链霉素按每只成年鸡肌内注射0.1g，每天2次，连用2天。用药后死亡率降低。

四、葡萄球菌病

葡萄球菌病主要是由金黄色葡萄球菌引起的一种急性或慢性传染病。其特征是腱鞘、关节和滑膜囊局部化脓、创伤感染、败血症、脐炎和细菌性心内膜炎。病原体是金黄色葡萄球菌，该菌对外界环境抵抗力较强，在干燥的浓汁或血液中可生存 2～3 个月，加热 70℃ 1h、80℃ 30min 才能将其杀死。对许多消毒药有抵抗力，3%～5%石炭酸消毒效果较好，也可用过氧乙酸消毒。

1. 流行特点

各种日龄的鸡都可感染金黄色葡萄球菌，40～60 日龄的鸡最易发病，成年鸡发病较少。

金黄色葡萄球菌在自然界中分布广泛，土壤、空气、水、饲料、物体表面及鸡的羽毛、皮肤、黏膜、肠道和粪便中都有该菌存在。

鸡皮肤和黏膜创伤是主要的传染途径，也可以通过消化道和呼吸道传播。接种鸡痘、断喙、刺伤、啄伤、脐带感染、鸡群拥挤、患传染性法氏囊病或马立克病等都是引发本病的诱因。

本病一年四季都可发生，雨季、潮湿季节发病较多。鸡品种对本病发生没有明显影响。

2. 临床症状

（1）急性败血型　病鸡精神沉郁，不爱活动，呆立，两翅下垂，缩颈，眼半闭呈嗜睡状。羽毛松乱，无光泽，食欲减退或废绝。部分病鸡下痢，排出灰白色或黄绿色稀粪。特征性症状是胸腹部、大腿内侧皮下浮肿，有数量不等的血样渗出液，外观呈紫色或紫褐色，有波动感，流出恶臭液体；局部羽毛脱落或用手一摸即可掉落，有些在翅膀背侧及腹面、翅尖、尾、脸、背及腿等不同部位的皮肤出现大小不等的出血点，局部炎性坏死或干燥结痂。在发病后 2～5 天死亡。

（2）关节炎型　多个关节发炎肿胀，特别是趾关节，呈紫红色或紫黑色，有的破溃并结痂。病鸡跛行，喜卧，因采食困难，以致被其他鸡践踏、消瘦、衰弱死亡。病程多为十余天。有的病鸡趾端坏疽、干脱。如果发病鸡群是由鸡痘而引起的，部分病鸡还可见到鸡痘症状。

（3）脐炎型 鸡胚及新出壳的雏鸡脐孔闭合不全，金黄色葡萄球菌感染后，引起脐炎。脐部肿大，局部呈黄红、紫黑色，质地稍硬。脐炎病鸡在出壳后2～5天死亡。

（4）眼型 病程长时出现眼型。眼睑肿胀，闭眼，有脓性分泌物。久病者眼球下陷，失明。最后病鸡饥饿，被踩踏，衰竭死亡。

3. 病理变化

（1）急性败血型 病死鸡胸部、前腹部羽毛稀少或脱落，皮肤呈紫黑色或浅绿色浮肿，整个皮下充血、溶血，呈弥漫性紫红色或黑红色，积有大量胶冻样粉红色、浅绿色或黄红色水肿液。肝肿大，淡紫红色，有花纹或花斑样变化。脾肿大，紫红色，有白色坏死点。心包积液，呈黄红色半透明。

（2）关节炎型 关节和滑膜发炎，关节肿大，滑膜增厚，关节囊内有浆液或浆液性脓性或浆液性纤维素性渗出物，慢性病例形成干酪样坏死，关节周围结缔组织增生及畸形。

（3）脐炎型 脐部发炎、肿大，紫红或紫黑色，有暗红色或黄红色液体，时间稍长则为脓样干涸坏死物。肝脏有出血点。卵黄吸收不良，呈黄色或黑灰色。

（4）眼型 鸡眼结膜发炎、充血、出血等，眼睛红肿、闭眼，眼角流出脓性黏液，眼部肿胀突出。

4. 诊断

主要根据发病特点、发病症状及病理变化做出初步诊断，确诊须结合实验室检查综合诊断。

5. 防治措施

（1）防止和减少鸡只外伤　消除放养场地、用具、鸡舍内设施上能引起外伤的因素。在断喙、免疫接种时要细心，并做好消毒，以避免金黄色葡萄球菌感染。

（2）做好消毒管理工作　做好放养环境、用具、鸡舍的清洁卫生及消毒工作，减少或消除传染源，可用 0.3% 过氧乙酸或 0.01% 百毒杀带鸡消毒。

（3）加强营养和卫生管理　鸡饲料中要保证合适的营养物质，供给足够的维生素和矿物质，避免拥挤。

6. 治疗

鸡场一旦发生葡萄球菌病，要立即对鸡舍、用具进行严格消毒，防止疫病发展和蔓延。发病鸡只隔离饲养。

发病后，应立即确诊，根据药敏试验结果选择敏感药物进行治疗。常用的药物有新霉素、卡那霉素或庆大霉素等。

五、慢性呼吸道病

鸡的慢性呼吸道病是由鸡败血支原体引起的一种接触性慢性呼吸道传染性疾病。其特征是咳嗽、喷嚏和气管啰音，上呼吸道炎症及气管中有干酪样物，成年鸡呈隐性感染。鸡的慢性呼吸道病病原是支原体。支原体是缺少细胞壁的微小原核微生物。支原体对外界环境的抵抗力不强，离体后迅速失去活力，一般消毒药能迅速将其杀灭。对热的抵抗力弱，在 20℃ 的鸡粪中存活 1～3 天，45℃ 1h、50℃ 20min 即可失去活力。

1. 流行特点

在正常的饲养管理下，单独感染支原体的鸡群不表现症状，常呈隐性经过。病鸡和隐性感染鸡是本病的传染源。通过带菌鸡的飞沫或尘埃传播，也可通过被污染的用具、饲料、饮水传播。病鸡所产的蛋含有病原体，孵出的雏鸡带有支原体，成为传染源。也可经交配传播。本病一年四季均可发生，寒冷季节多发。当鸡群受到其他病原微生物和寄生虫侵袭时，如感染新城疫、传染性支气管炎或传染性鼻炎等病原体，以及影响鸡抵抗力的应激因素，如预防接种、卫生不良、鸡群拥挤、气候突变等都可促使或加重本病的发生和流行。

2. 临床症状

鸡败血支原体的潜伏期为4～21天。患病幼龄鸡鼻腔及邻近黏膜发炎，流鼻涕、喷嚏以及引起鼻窦炎、结膜炎及气囊炎。炎症由鼻腔蔓延到支气管，咳嗽，呼吸道啰音，生长停滞。炎症波及眶下窦时，蓄积的渗出物引起眼睑肿胀，向外突出如肿瘤，视觉减退，失明。单纯性感染本病死亡率低，并发感染的死亡率达30%。成年鸡多散发。此病常与大肠杆菌混合感染，表现发热、下痢等症状。

3. 病理变化

鸡的鼻腔、窦腔、气管和支气管发生卡他性炎症，渗出液增多。气囊壁增厚，不透明，囊内常有黏液性或干酪状渗出物，与大肠杆菌混合感染时，可见纤维素性肝周炎、心包炎和腹膜炎。

4. 诊断

根据流行病学、临床症状和病理变化可作出初步诊断。确诊鸡群须做病原分离鉴定和血清学试验。

5. 防治措施

（1）雏鸡和环境　从无支原体病的种鸡场和孵化场购鸡；注意鸡舍环境卫生，经常清扫、消毒，加强鸡舍通风换气，减少和避免各种应激发生。

（2）疫苗接种　1～3 日龄用敏感药物防止鸡群感染，15日龄用弱毒疫苗免疫，可使鸡群得到良好保护。种鸡群产蛋前注射油乳剂灭活苗，可大大减少经蛋传播。

6. 治疗

泰乐菌素、北里霉素、支原净、链霉素、强力霉素等对治疗有一定疗效。有条件的可进行药物敏感试验。支原体易产生抗药性，长期使用单一药物，效果不好，最好是几种药物轮换使用或联合使用。混合感染时，注意对并发症的治疗。

六、鸡伤寒

鸡伤寒是由鸡伤寒沙门菌引起的一种败血性疾病，特征为肝、脾等实质器官病变和下痢，病原为鸡伤寒沙门菌。此菌抵抗力不强，60℃ 10min 即被杀死，在阳光照射下数分钟即死亡。对低温阴暗的环境抵抗力较强。一般消毒药物都能将其杀死。

1. 流行特点

受感染的鸡是重要传染源。传染途径以消化道为主，也可经种蛋传染。可通过被污染的饲料、垫料、饮水、设备和工作人员的衣服传播。动物、野禽和苍蝇也可带菌。本病的死亡常开始于幼雏，但死亡可延续到产蛋期。

2. 临床症状

本病的潜伏期为 4～5 天。幼雏和成年鸡对本病的易感性相同。病雏症状和雏鸡白痢相似。病雏体弱嗜睡，发育不良，泄殖腔周围粘着白色粪便，肺出现病灶，有呼吸困难或打咯声。

中鸡和成年鸡急性暴发本病时，病鸡精神委顿，食欲废绝，渴欲增加，鸡冠和肉髯苍白，羽毛松乱，鸡翅下垂，体温升高 1～3℃，腹泻，排黄绿色稀粪，病程 1 周左右，死亡率 5％～30％。成年鸡可能无症状而成为带菌鸡。发生慢性腹膜炎时，病鸡常呈企鹅式站立。

3. 病理变化

急性型鸡伤寒的特征性病理变化是肝和脾发生肿大，充血变红。亚急性和慢性病例，肝脏肿大，呈黄色或铜绿色，有白色或浅黄色坏死点；脾肿大 1～2 倍，常有粟粒大小的坏死灶；胆囊肿大，充满胆汁；心包积水，有纤维素样渗出物；肾脏肿大充血；卵泡变形、充血，卵泡破裂可引起腹膜炎；睾丸肿胀并有大小不等的坏死灶。

4. 诊断

本病的确诊必须从病鸡的内脏器官中分离培养和鉴定病菌。

5. 防治措施

加强饲养管理和器具的清洗与消毒工作。

6. 治疗

发生本病时，要隔离病鸡，对重症病鸡及时淘汰，病、死鸡深埋或焚烧。根据药敏试验，选用敏感药物。环丙沙星、新霉素等对本病有良好的疗效。

七、鸡坏死性肠炎

鸡坏死性肠炎又称肠毒血症，是由魏氏梭菌引起的一种散发性疾病。本病特征为鸡的肠黏膜坏死。魏氏梭菌（C型产气荚膜梭菌）为革兰阳性杆菌，有芽孢和荚膜。该菌在体内增殖后，由大肠向小肠迁移，产生外毒素，导致该病发生。该菌在自然界分布极广。对外界环境和许多常用的酚类、甲酚类消毒剂有较强抵抗力。

1. 流行特点

2～8周龄雏鸡仅散发，多发于肉用仔鸡。本病经消化道感染。魏氏梭菌存在于鸡消化道中，当机体抵抗力下降或某些应激因素时可引发本病。在潮湿温暖季节多发。受污染的尘埃、污物、垫料是本病的传染源。鸡的死亡率一般为6％。肠黏膜损伤、球虫感染等可诱发本病。

2. 临床症状

病鸡精神沉郁，眼闭合，无食欲，贫血，排红褐色或黑褐色焦油样粪便，或见有脱落的肠黏膜。慢性病鸡体重减轻，排灰白色稀粪，衰竭死亡。

3. 病理变化

小肠后1/3段的肠内壁附着疏松或致密的黄色或绿色假膜，剥去后黏膜弥漫性坏死。肠壁脆弱，肠内充满气体。肠内容物为血样或墨绿色液状。盲肠黏膜有陈旧性血样内容物。肾肿大发白。肝充血，有小的圆形坏死灶。

4. 诊断

根据临床症状和病理变化做出初步诊断。确诊须进行病原分离鉴定。

5. 防治要点

（1）加强饲养管理和环境卫生　避免饲养密度过大、消除应激因素、控制球虫病等可有效预防本病发生。

（2）酶制剂和球虫病　饲料中添加酶制剂，控制球虫病，可减少本病发生。

（3）应用微生态活菌制剂　可维持消化道菌群平衡，减少产气荚膜梭状芽孢杆菌在肠道中繁殖。

6. 治疗

使用杆菌肽锌、青霉素、环丙沙星等药物进行防治。

八、鸡曲霉菌病

鸡曲霉菌病是由曲霉菌引起鸡的一种疾病。该病特征是呼吸困难，在肺和气囊上形成霉菌小结节。病原是曲霉菌中的烟曲霉菌和黄曲霉菌，一般常见且致病力最强的为烟曲霉菌。曲霉菌及其孢子在自然界分布广泛，常污染饲料和垫草。对理化作用的抵抗力很强，120℃干热 1h 或在 100℃沸水中煮 5min 才能将其杀死。曲霉菌的孢子对一般消毒药抵抗力强，仅能致弱不能杀死。2％甲醛 10min、3％石炭酸 1h、3％苛性钠 3h，才使其致弱。

1. 流行病学

幼鸡常呈急性暴发，发病率、死亡率均高。成年鸡多为散发。本病发生与生长霉菌的环境有关。饲料或垫料被霉菌污染，鸡群密度过大，通风不良时可诱发本病。多雨、潮湿地区，常在鸡群中暴发。初生雏鸡可由于孵化过程污染霉菌而感染发病。

2. 临床症状

病雏呼吸困难，伸颈张口呼吸，喘气。食欲不振，口渴，嗜睡。羽毛松乱，进行性消瘦，发生下痢，最后衰竭而死。病原侵害眼睛，一侧或两侧眼球发生灰白浑浊，食道黏膜受损，吞咽困难。病原侵害脑组织，出现斜颈、麻痹等神经症状。成年鸡多呈慢性经过，引起产蛋下降，有时出现跛行。

3. 病理变化

肺和气囊、支气管和气管出现病灶，其他器官也可出现病变。肺脏可见散在的黄色小米粒大至豆大的结节，质地较硬。气囊壁上可见大小不等的干酪样结节或圆形斑块，气囊壁增厚，斑块融合在一起，形成灰绿色霉菌斑。严重时在腹腔、浆膜、肝或其他部位表面有结节或圆形灰绿色斑块。

4. 诊断

根据发病特点、临床特点、病理变化等，做出初步诊断。确诊必须进行微生物学检查和病原分离鉴定。

5. 防治措施

加强卫生管理，防止饲料和垫料发霉，使用清洁干燥的垫料和无霉菌污染的饲料。避免鸡只接触发霉物，防止场地潮湿和积水，加强鸡舍通风。

6. 治疗

及时隔离病雏，清除污染霉菌的饲料与垫料，清扫鸡舍，铲除地面土，20％石灰水彻底消毒。严重病例及时淘汰。

（1）硫酸铜溶液　用1:2000或1:3000的硫酸铜溶液代替饮水，连用3～4天，可以控制疾病蔓延。

（2）碘化钾　病鸡试用碘化钾口服治疗。每升水加碘化钾5～10mg，有一定疗效。

（3）制霉菌素　成鸡15～20mg，雏鸡3～5mg，混于饲料喂服3～5天。

第四节　寄 生 虫 病

一、鸡球虫病

鸡球虫病由艾美耳属的多种球虫引起的一种急性流行性原虫病。其特征为病鸡消瘦、贫血、血痢、生长发育受阻，是鸡的一种常见病、多发病，对鸡危害严重。病原为艾美耳球虫，有7种，即柔嫩艾美耳球虫、毒害艾美耳球虫、堆型艾美耳球虫、巨型艾美耳球虫、哈氏艾美耳球虫、和缓艾美耳球虫和早熟艾美耳球虫。柔嫩艾美耳球虫、毒害艾美耳球虫的致病力较强，柔嫩艾美耳球虫寄生在盲肠黏膜内，称盲肠球虫。毒害艾美耳球虫寄生在小肠中段黏膜内，称小肠球虫。球虫的卵囊抵抗力非常强，在土壤中可以保持生活期达4～9个月，在有树荫的运动场上，可达 15～18 个月。当气温在 22～30℃时只需要 18～36h，就可能成为感染性卵囊。卵囊对高温和干燥的抵抗力较弱。

1. 流行特点

不同品种的鸡均有易感性，雏鸡有母源抗体保护，10 日龄以内很少发病。15～50 日龄发病率和死亡率很高，成年鸡也易感染球虫。吃入感染性卵囊是鸡感染球虫的主要途径。病鸡是主要传染源。被带虫鸡污染过的饲料、饮水、土壤或用具等，都有卵囊存在。可通过污染的设备、工作人员的衣服等机械性传播，苍蝇、鼠类和野鸟等也是传播媒介。

易感鸡食入传染性卵囊时，就会暴发球虫病。本病多发生在温暖季节，鸡舍内温度高达 30～32℃，湿度 80％～90％时，最易发病。天气潮湿多雨，鸡群过于拥挤，运动场潮湿积水，饲料中缺乏维生素 A 以及日粮搭配不合理等，都可诱发本病流行。

2. 临床症状

病鸡精神不振，羽毛松乱，闭目呆立不动；食欲减退，鸡冠及可视黏膜苍白，逐渐消瘦；排水样稀便，并带有少量血液。患盲肠球虫时，粪便呈棕红色，以后变成血便。雏鸡死亡率高达 100％。日龄较大的鸡呈慢性经过，症状轻，病程较长。病鸡间歇性下痢，逐渐消瘦，产蛋减少，死亡率低。

3. 病理变化

主要病变在肠道。柔嫩艾美耳球虫主要侵害盲肠，盲肠显著肿大，肠内充满凝固的暗红色血液，肠上皮变厚并有糜烂，浆膜可见针尖大至小米粒大小的白色斑点和红色出血点。毒害艾美耳球虫损害小肠中段，这部分肠管扩张、肥厚、变粗，严重坏死。肠管中有凝固血块，使小肠在外观上呈现淡红色或黄色。巨型艾美耳球虫主要侵害小肠中段，肠管扩张，肠壁肥厚，内容物黏稠，呈淡灰色、淡褐色或淡红色，有时混有很少的血。堆型艾美耳球虫多在上皮表层发育，而且同一发育阶段的虫体常聚集在一起。被损害的肠段出现大量淡灰色斑点。哈氏艾美耳球虫主要损害十二指肠和小肠前段，肠壁上出现针头大小的出血点。

4. 诊断

根据发病季节、临床症状和病理变化初步做出诊断，确诊要做实验室检查。检查方法是取少量病鸡肠病理变化黏液，放在清洁的载玻片上，滴少量生理盐水混匀，盖上盖玻片，在显微镜下 400 倍检查，发现卵囊即可确诊。

5. 防治措施

（1）搞好环境卫生　鸡舍要保持干燥，通风良好，及时清除粪便、受潮垫料。饲槽、饮水器、用具和栖架要经常洗刷和消毒。对墙壁、地面进行彻底消毒，饲养管理人员出入鸡舍应更换鞋子，减少和杀灭鸡舍环境中的球虫卵囊。鸡场中的粪便、垫料做堆积发酵处理，以杀灭卵囊，防止饲料和饮水被污染。合理搭配日粮，补充充足的维生素 A、维生素 K，提高机体抵抗力。雏鸡与成鸡分开饲养。不同批次的雏鸡严禁混养，实行全进全出制度以切断传染源。每天注意观察雏鸡食欲、精神、排便情况，发现病鸡及时隔离治疗。

（2）药物预防　从 7～9 日龄开始在饲料或饮水中按时、按量投入药物。

6. 治疗

药物治疗对该病有效,同时须做好消毒和清粪。治疗球虫病的药物主要有氨丙啉、克球粉、盐霉素、地克珠利、青霉素等。应有计划地交替使用或联合使用,用足疗程。在治疗的同时,饲料中注意补充维生素 K、鱼肝油。

二、鸡蛔虫病

是鸡蛔虫寄生于鸡肠道内所引起的一种线虫病。鸡蛔虫分布很广,对雏鸡危害大,严重感染时甚至发生大批死亡。虫体淡黄色,圆筒形,体表角质层具有横纹。雄虫长 58～62mm,雌虫长 65～80mm。鸡蛔虫繁殖很快,产卵量大,虫卵呈椭圆形,一条雌虫一天可产约 72500 个虫卵。鸡蛔虫卵在外界环境中的发育与温度、湿度、阳光等自然因素密切相关。虫卵发育所需的温度为 10～39℃,在 10℃下,虫卵不能发育,但在 0℃中可以持续 2 个月不死。鸡蛔虫卵在潮湿的土壤中才能发育,在相对湿度低于 80％时不能发育为感染性虫卵。蛔虫卵受阳光照射极易死亡,对化学药物有一定的抵抗力,在 5％甲醛溶液中仍可发育为感染性虫卵。

1. 流行特点

本病主要发生于 2～4 月龄的鸡,随着年龄的增大,易感性逐渐降低。1 年以上的鸡多为带虫者。鸡食入被虫卵污染的饲料或饮水而感染。鸡食入感染性虫卵至蛔虫发育成熟共需 50 天左右。饲料中动物性蛋白质含量过少、维生素 A 和 B 族维生素缺乏时,雏鸡对蛔虫的抵抗力降低。

2. 临床症状

雏鸡感染时临床症状较明显。患病雏鸡表现为精神不振，食欲减退，常呆立不动，羽毛松乱，两翅下垂；鸡冠、肉髯、可视黏膜苍白，生长缓慢，下痢和便秘交替出现，有时稀粪中见血或有蛔虫出现，鸡体消瘦衰弱。大量蛔虫堵塞肠道时可引起死亡。

成年鸡轻度感染时一般不出现临床症状，母鸡产蛋量减少或停止。严重感染时，表现为下痢、贫血和消瘦。

3. 病理变化

病死鸡明显贫血、消瘦，肠黏膜充血、肿胀、发炎、出血，肠壁上有颗粒状化脓结节。小肠内可见黄白色虫体。

4. 诊断

根据病理变化、剖检，在粪便中发现虫卵或剖检时发现虫体可确诊。

5. 防治措施

搞好环境卫生，对鸡舍和运动场经常清理消毒，运动场每隔一段时间铲去表土，更换新土。鸡舍与运动场清洗后用3%氢氧化钠溶液喷洒消毒。鸡粪应及时清除、堆积发酵，以杀死虫卵。幼鸡、成鸡严格分群饲养。对易感鸡群定期驱虫，幼鸡在2月龄开始，每隔1个月驱虫1次。成年鸡每年驱虫2～3次，在每年春秋两季进行。

6. 治疗

（1）左旋咪唑　片剂，25mg/kg（体重），空腹时经口投服，或拌于少量饲料中喂服；针剂 5% 的注射液，0.5mL/kg（体重），肌注。

（2）驱虫净　40～50mg/kg（体重）混入饲料中，一次投给。

（3）驱蛔灵　0.15～0.25g/kg（体重）混入饲料中投服。最好隔 1 周再驱虫 1 次。

三、鸡住白细胞原虫病

鸡住白细胞原虫病是由寄生在鸡的白细胞或红细胞内的住白细胞原虫而引起的一种寄生虫病。鸡以内脏器官和肌肉出血为特征，表现为鸡冠苍白，所以又名"白冠病"。鸡住白细胞原虫分为卡氏白细胞原虫、沙氏白细胞原虫和休氏白细胞原虫 3 种，我国已发现了前两种。卡氏白细胞原虫是毒力最强、危害最严重的一种。住白细胞原虫寄生于鸡的红细胞、白细胞等组织细胞中。卡氏白细胞原虫的发育需要库蠓参加，当库蠓叮咬鸡时，将含有成熟孢子的卵囊输入鸡体内。成熟的卵囊内含有许多孢子，聚集在库蠓的唾液腺内。库蠓吸血时，便可传染给鸡。

1. 流行特点

本病的传染需要库蠓作为传播媒介，发病有明显的季节性，北京地区一般发生在 7～9 月，华南地区多发生在 4～10 月。任何日龄的鸡都能感染，3～6 周龄雏鸡和 2～4 月龄青年鸡最易感，发病严重。母鸡感染后，个别发生死亡，多数耐过后，鸡只消瘦，产蛋率下降，甚至停产。并可长期带虫，成为鸡群的传播来源。

2. 临床症状

发病急，病鸡高热，精神萎靡，食欲减退，羽毛松乱，拉黄绿色粪便或血便。严重贫血，鸡冠和肉髯苍白，两肢轻瘫，伏于地上。病鸡渴欲增加，呼吸困难，雏鸡偶见咯血。母鸡症状较轻微，产蛋减少或停止，时长达1个多月。住白细胞原虫病死亡率高，康复鸡生长缓慢和产蛋少。

3. 病理变化

病死鸡剖检特征是口流鲜血，鸡冠苍白，全身性广泛出血，肌肉及某些内脏器官有白色小结节；全身性广泛出血包括皮下出血，胸肌和腿肌有出血点或出血斑；各内脏器官广泛出血，多见于肺和肾，严重的可见两侧肺叶充满血液，肾包膜下有大片血块；心、脾、胰及胸腺有出血点，腭裂常被血样黏液阻塞；气管、嗉囊、胸腔、腺胃、肌胃及肠道有出血斑点；胸肌、腿肌等浅部及深部肌肉，以及肝、肺、脾等脏器常见到白色、界限清楚的小结节。

4. 诊断

根据发病季节、临床症状和病理变化可作出初步诊断，确诊须做实验室检查。

5. 防治措施

消灭库蠓是预防本病的主要措施。保持环境清洁卫生，鸡舍内外可定期喷洒福尔马林、新洁尔灭。

6. 治疗

泰灭净对住白细胞原虫病有特效。泰灭净粉剂按0.1%混料，连用 3 天后浓度改为 0.01%，再用 14 天。泰灭净钠粉，按 0.1%混于饮水，连用 3 天后浓度改为 0.01%，再用 14 天。

四、组织滴虫病

组织滴虫病又名盲肠肝炎或黑头病，是鸡和火鸡的一种原虫病，由组织滴虫寄生于盲肠和肝脏引起，以肝的坏死和盲肠溃疡为特征。组织滴虫病的病原是组织滴虫，它是一种很小的原虫。该原虫有两种形式，一种是组织型原虫，寄生在细胞里；另一种是肠腔型原虫，寄生在盲肠腔的内容物中，虫体呈阿米巴状。

1. 流行特点

组织滴虫病最易发生于 2 周至 3～4 个月龄以内的鸡。成年鸡也可感染，但呈隐性感染，成为带虫者，有的慢性散发。病鸡随粪排出的虫体，在外界环境中能生存很久，鸡食入这些虫体便可感染。但主要的传染方式是通过寄生在盲肠的异刺线虫的卵而传播。当异刺线虫在病鸡体寄生时，其中卵内可带上组织滴虫。异刺线虫卵中约 0.5%带有这种组织滴虫。这些虫在线虫卵的保护下，随粪便排出体外，在外界环境中能生存 2～3 年。当外界环境条件适宜时，发育为感染性虫卵。鸡吞食了这样的虫卵后，卵壳被消化，线虫的幼虫和组织滴虫一起被释放出来，共同移行至盲肠部位繁殖，进入血流。线虫幼虫对盲肠黏膜的机械性刺激，促进盲肠肝炎的发生。组织滴虫钻入肠壁繁殖，进入血流，寄生于肝脏。

2. 临床症状

本病潜伏期一般为 15～20 天。病鸡精神委顿，食欲不振，缩头，羽毛松乱。呆立，翅膀下垂，闭眼，身体蜷缩，行走如踩高跷步态。最急性病例，粪便带血或完全血便，头皮呈紫蓝色或黑色，又叫黑头病。慢性病例，患病鸡排淡黄色或淡绿色粪便，成年鸡消瘦，体重减轻。

3. 病理变化

组织滴虫病的损害常限于盲肠和肝脏，盲肠的一侧坏死，肠壁增厚或形成溃疡，有时盲肠穿孔，引起全身性腹膜炎，盲肠表面覆盖有黄色或黄灰色渗出物，并有特殊恶臭。有时这种黄灰绿色干酪样物充塞盲肠腔，形成多层栓子。外观呈明显的肿胀和混杂有红、灰、黄等颜色。肝出现颜色各异、圆形或不规则形、中央稍有凹陷的溃疡状灶，通常呈黄灰色，或淡绿色。溃疡灶的大小不等，一般为 $1 \sim 2cm$ 的环形病灶，也可能相互融合成大片的溃疡区。大多数感染鸡群通常病理变化不典型，只有剖检足够数量的病死鸡，才能发现典型的病理变化。

4. 诊断

根据流行病学、症状和病理变化进行综合诊断，据肝脏和盲肠典型病理变化可以初步诊断。注意与鸡大肠杆菌、鸡坏死性肠炎的鉴别诊断。

5. 防治措施

（1）必须加强卫生管理，防止异刺线虫侵入鸡体内，用驱虫净定期驱除异刺线虫，用药量 $40 \sim 50mg/kg$（体重）。

（2）在进鸡前，必须清除林地杂物，鸡舍用水冲洗干净，然后严格消毒。严格做好鸡群的卫生管理，饲养用具不得混用，饲养人员不能串舍，避免互相传播疾病，及时检修供水器，定时移动饲料槽和饮水器的位置，以减少局部湿度过大和粪便堆积。

（3）蚯蚓是鸡异刺线虫的宿主。用蚯蚓喂鸡时，先用清水漂洗干净，加热煮沸 5～7min，可有效杀死蚯蚓体内、体外的寄生虫。将煮后的蚯蚓切成小段，添加到饲料中喂鸡。

（4）如发现病鸡立即隔离治疗，重病鸡淘汰，鸡舍地面用 3％苛性钠溶液消毒。

6. 治疗

（1）甲硝哒唑（灭滴灵）　配成 0.05％水溶液饮水，连饮 7 天停药 3 天，再饮 7 天。

（2）二甲硝基咪唑（达美素）　混料饲喂，预防量为150～200mg/kg（饲料），治疗量为 400～800mg/kg（饲料）。

（3）卡巴砷　混料饲喂，预防量为 150～200mg/kg（饲料），治疗量为 400～800mg/kg（饲料）。

（4）硝基苯砷酸　混料饲喂，预防量为 187.5mg/kg（饲料），治疗量为 400～800mg/kg（饲料）。

治疗时补充适量维生素 K，以防止盲肠出血；补充维生素 A，促进盲肠和肝脏的组织恢复。

五、鸡绦虫病

鸡绦虫病是由棘沟赖利绦虫、节片戴文绦虫、四角赖利绦虫和有轮赖利绦虫等绦虫引起的一种寄生虫病。各种绦虫均为白色、扁平、带状分节的蠕虫，虫体由一个头节和多体节结构组成。成虫虫体由很多节片构成，外观呈白色竹节状。虫体末端为孕卵节片，成熟一节脱落一节，随粪便排出体外。

1. 流行特点

雏鸡易感性最强。中间宿主为蚂蚁、蝇类、甲虫等。虫卵被中间宿主食入体内，经 14～16 天长成幼虫。鸡吃了含幼虫的中间宿主而被感染，幼虫吸附在鸡小肠黏膜上，经 12～23 天发育为绦虫成虫，往复传播、繁殖。在流行区，放养的雏鸡可能大群感染并引发死亡。

2. 临床症状

病鸡消化不良，食欲减退，腹泻，消瘦，翅下垂，羽毛蓬乱，贫血，鸡冠、肉髯及眼结膜苍白。粪便稀薄或混有血样黏液。粪便中可见白色、芝麻粒大、长方形绦虫节片。绦虫代谢物能使鸡中毒，引起腿脚麻痹，进行性瘫痪，最后因衰竭而死。

3. 病理变化

小肠黏膜出血、坏死和溃疡，黏膜附有灰黄色黏液。鸡小肠内发现虫体，严重时阻塞肠道。肠壁可见灰黄色、中间凹陷的小结节。

4. 诊断

粪便中发现绦虫节片，结合临床症状和病理变化，可做出诊断。

5. 防治措施

（1）加强卫生管理　彻底清理放养地、鸡舍中污物，防止或减少中间宿主的滋生和隐藏，是防治绦虫虫卵传播最有效的方法。及时清理粪便，并进行腐熟堆肥，灭杀虫卵。

（2）定期驱虫　使用丙硫苯咪唑预防，按 15mg/kg（体重），混料一次投服。

6. 治疗

（1）丙硫苯咪唑　15～20mg/kg（体重），混料一次投服。

（2）硫双二氯酚　100～200mg/kg（体重），混料一次投服。

（3）氯硝柳胺　50～100mg/kg（体重），混料一次投服。

（4）吡喹酮　10～20mg/kg（体重），混料一次投服。

（5）氟苯咪唑　鸡每千克饲料添加30mg，连用4～7天。

六、鸡虱病

鸡虱病是鸡羽虱寄生于鸡体表引起的。鸡羽虱是一种永久性寄生虫，全部生活史都在鸡身上进行，以羽毛和皮肤分泌物为食，也吸鸡的血液。

1. 流行特点

一年四季均可发病，秋、冬两季，鸡体表寄生的羽虱最多。鸡羽虱经接触感染后，传播迅速，散养或放养鸡发病率高。

2. 临床表现

羽毛脱落，皮肤损伤，奇痒不安，食欲下降，体重减轻，消瘦贫血，雏鸡和肉鸡生长迟缓，产蛋鸡产蛋率下降。

3. 防治措施

保持环境清洁卫生，清除陈旧干粪、垃圾杂物，使用敌百虫、溴氰菊酯等药物对鸡舍地面、墙壁和棚架进行喷洒，杀灭环境中的羽虱。

4. 治疗

（1）撒粉法或喷粉法 用5％氟化钠或0.5％敌百虫或5％硫黄粉，撒喷到鸡体的各个部位，使药粉分布均匀。

（2）药浴法 在温暖晴天时，将0.1％敌百虫溶液装入容器内，浸透鸡体，露出鸡头，将鸡提起，待鸡身上的药液干后再将鸡放开，以免鸡啄羽毛而中毒。也可用2.5％的溴氢菊酯或灭蝇灵4000倍液体对鸡体进行药浴或对鸡舍进行消毒。

（3）沙浴法 在鸡的运动场上挖一浅坑，用10份黄沙和1份硫黄粉，将鸡放入池内，任其进行沙浴，可戴上手套将药沙在鸡体上用手搓浴。

药物灭虱时要注意管理，避免鸡群中毒。

第五节 鸡普通病

一、鸡啄癖

啄癖也称异食癖、恶食癖、互啄癖，是多种营养物质缺乏及代谢障碍、饲养管理不当等引起的一种复杂的综合征，主要包括啄羽癖、啄肛癖、啄趾癖、啄蛋癖等，是散放养鸡时最常见的恶癖。

1. 发病原因

啄癖发生的原因复杂，主要包括以下三方面因素。

（1）饲养管理不当 鸡舍光线太强，引起鸡的兴奋，好斗；饲养密度过大、潮湿、有害气体浓度高、外寄生虫等因素都可引起啄癖。

（2）饲料营养不足　日粮营养不全价，蛋白质含量不足，氨基酸不平衡，维生素及矿物质缺乏，食盐缺乏等。

（3）体外寄生虫　鸡虱、螨等引起皮肤瘙痒，鸡啄叨患部后破溃出血，引起鸡啄癖。

2. 临床症状

（1）啄羽癖　雏鸡、蛋鸡换羽期容易发生。鸡只互啄羽毛或啄脱落的羽毛，多与饲料中含硫氨基酸、硫和 B 族维生素缺乏有关。

（2）啄趾癖　幼鸡易发生。啄食脚趾，引起出血或跛行。脚部被外寄生虫感染鸡多发生。

（3）啄肛癖　雏鸡和产蛋鸡最为多见。雏鸡患鸡白痢时，肛门周围羽毛粘有污浊粪便，其他雏鸡会啄食病鸡肛门，造成肛门破裂或出血，严重时直肠脱出，导致死亡。蛋鸡产蛋时泄殖腔外翻，其他鸡看见时就会啄食，引起泄殖腔炎和输卵管脱垂。

（4）啄蛋癖　产蛋鸡产蛋后自啄或互相啄食鸡蛋。

3. 防治措施

（1）断喙　7～10 日龄断喙，是防治鸡啄癖最有效的办法。

（2）合理搭配饲料　保证饲料中氨基酸、维生素、微量元素的含量。在日粮中添加 0.2% 的蛋氨酸，能减少啄癖的发生。

（3）补充生石膏粉　患病鸡每天补充 0.5～3g 生石膏粉，啄羽癖会很快消失。

（4）补充食盐　食盐缺乏引起的啄癖，可在日粮中添加

1.5％～2％食盐，连续 3 天，但不能长期饲喂，以免引起食盐中毒。

（5）加强饲养管理 避免鸡舍光照强度过强，保持适宜的饲养密度，加强通风换气，分群饲养，定量、定时饲喂。保证充足的食槽和饮水器。鸡舍可以使用红光照明。

二、鸡痛风

鸡痛风是由于蛋白质代谢障碍引起尿酸盐在体内蓄积的营养代谢性疾病。

1. 发病原因

鸡痛风主要是由于日粮中含氮化合物含量过高和维生素 A 缺乏，机体代谢产生大量的尿酸盐，在血液中含量过高时，会沉积在关节、软骨、皮下结缔组织、肝脏、肾、脾等处。也与饲料中维生素 D 缺乏、高钙低磷、饮水供应不足等因素有关。

2. 临床症状

根据尿酸盐在体内沉积的部位不同，分为关节型和内脏型两种。病鸡精神不振，食欲降低，羽毛松乱或脱毛，冠苍白，贫血，腿、脚皮肤脱水、发干。关节型痛风病鸡脚趾、腿、翅关节肿大，关节疼痛，跛行。内脏型痛风病鸡极度消瘦，喜卧，排白色石灰乳样稀便，最后脱水死亡。

3. 病理变化

内脏型痛风病鸡肾脏显著肿大，输尿管内蓄积大量尿酸盐，肾脏表面呈花斑状。气管黏膜、皮下、心、肝、脾、肠系膜等表面散布一层白色石灰粉样物质。肝脏质脆，切面有白色小颗粒状物。关节型痛风病鸡可见关节肿胀，关节腔内有白色尿酸盐。

4. 诊断

根据临床症状、病理变化可做出诊断。应与肾型传染性支气管炎、鸡法氏囊病和霉菌毒素中毒造成的尿酸盐沉积相区别。

5. 防治措施

预防为主，严格按照营养标准进行日粮配合，加强饲养管理。通过适当减少饲料蛋白质含量，特别是动物蛋白的含量；提高维生素 A、维生素 D 的添加量，调节饲料钙、磷比例，添加青绿饲料，供给充足的饮水等措施，除掉诱因，降低发病率和死亡率。饮水中加入肾肿解毒药等药物，连用 3～5 天，可提高肾脏排泄尿酸盐的能力，降低死亡率。

三、食盐中毒

1. 发病原因

日粮中食盐添加过多、饲喂含盐量高的鱼粉，可能引起鸡食盐中毒。由于计算错误，日粮中加入食盐过多，或饲料调制不均。配料所用的鱼粉含盐量过高，鸡群发生啄癖时，饮用食盐水浓度大于 2％，饮用食盐水的时间超过 3 天，都有可能引起鸡食盐中毒。

2. 临床症状

病鸡强烈口渴，大量饮水；嗉囊软肿，口和鼻中流出黏性分泌物；频频排粪，下痢；精神沉郁，食欲不振或废绝，共济失调，两脚无力，行走困难，瘫痪。后期表现衰弱，呼吸困难，抽搐，最后虚脱衰竭而死。

3. 病理变化

嗉囊中充满黏性液体，黏膜脱落，腺胃黏膜充血、出血。小肠前段充血、出血，肾变硬、色淡，病程较长者，可见皮下水肿，肺水肿，腹腔和心包中积水，脑膜血管显著充血扩张，心脏有针尖状出血点。

4. 防治措施

发现中毒后立即停喂原有饲料，换喂无盐或低盐分、易消化的饲料至康复。供给病禽 5% 的葡萄糖或红糖水以利尿解毒，病情严重者另加 0.3%～0.5% 醋酸钾溶液逐只灌服。严格控制饲料中食盐的含量，根据所用鱼粉含盐量，调整饲料中的食盐。配料时食盐要求粉碎，混合均匀。

四、中暑

中暑是日射病和热射病的总称。鸡在烈日下暴晒，头部血管扩张而引起脑及脑膜急性充血，导致中枢神经系统机能障碍称日射病。鸡在潮湿闷热环境中因机体散热困难而造成体内积热，引起中枢神经系统机能障碍称为热射病。

1. 发病原因

由于鸡皮肤无汗腺，体表覆盖羽毛，主要靠呼吸道散热，散热途径单一。因此，鸡在烈日下暴晒或在高温高湿环境中，鸡只拥挤，得不到足够的饮水，或在密闭、拥挤的车辆内长途运输时，鸡体散热困难，产热不能及时散发出去，引起本病发生。

2. 临床症状

本病常突然发生，呈急性经过。日射病患鸡表现体温升高，烦躁不安，然后精神迟钝，麻痹，体躯、颈部肌肉痉挛，常在几分钟内死亡。剖检可见脑膜充血、出血，大脑充血、水肿及出血。热射病患鸡体温高达 45℃ 以上，呼吸困难，张口呼吸，翅膀张开下垂，很快眩晕，步态不稳或不能站立，饮水大幅增加，虚脱，易惊厥而死亡。

3. 病理变化

尸僵缓慢，血液呈紫黑色，凝血不良，全身淤血，心外膜、脑部出血。

4. 诊断

根据发病季节、气候及环境条件、发病情况及症状、病理变化等综合分析，一般不难做出诊断。

5. 防治措施

夏季应在放养地上搭建凉棚遮阳，供鸡只活动或栖息，避免鸡长时间受到烈日暴晒。夏季避免舍内温度过高，做好遮阳、通风，地面洒水，降低饲养密度，保证供足饮水等。

6. 治疗

发生中暑时迅速将鸡只转移到无阳光直射、阴凉的环境中，同时给清凉饮水，并在鸡冠、翅翼部位扎针放血，同时给鸡喂十滴水 1~2 滴、人丹 4~5 粒，多数中暑鸡很快即可恢复。

五、鸡有机磷农药中毒

1. 发病原因

鸡在刚喷洒过有机磷农药（如敌百虫、乐果、敌敌畏等）的果园、林地、农田放牧时，采食被污染了的虫、青草、树叶、饲料、饮水等，可引起中毒。鸡使用体外驱虫药时用药量过大或用法不当，也可以发生中毒。鸡对有机磷农药十分敏感。有机磷农药与胆碱酯酶结合，引起一系列副交感神经过度兴奋的中毒症状。

2. 临床症状

最急性中毒时，没有任何症状而突然死亡。急性中毒呈现典型的副交感神经兴奋症状，运动失调，盲目奔走或乱飞；流泪，鼻腔、口腔流出多量黏稠液体；瞳孔缩小，食欲废绝，鸡冠及肉髯呈暗紫色，头颈向腹部弯曲，呼吸困难；体温下降，肌肉痉挛、抽搐，最后卧地不起，昏迷、窒息或衰竭而死。

3. 病理变化

尸僵显著，瞳孔明显缩小，皮下肌肉点状出血。嗉囊、腺胃及肠道黏膜充血、肿胀，有散在出血点。内容物有某些农药的特殊气味。喉头、气管内充满泡沫样液体，肺淤血、水肿、出血，肺表面可见粉白色突出于表面的灶状气肿。心肌和心冠脂肪出血，右心扩张，心腔内有没凝固的血液。肝脏及肾脏肿胀，呈土黄色。脑充血、水肿。腹腔积有多量液体。

4. 诊断

鸡采食过被有机磷农药污染的饲料、饮水或害虫，根据临床症状、剖检变化可做出诊断。必要时，采取可疑饲料及胃内容物做有机磷农药检测。

5. 防治措施

（1）加强农药管理　注意农药的使用方法、使用剂量及安全要求。不在刚喷洒农药的果园、农田放养鸡只。

（2）控制药物使用浓度　用有机磷农药杀灭鸡舍或鸡体表的外寄生虫时，要严格控制药物使用浓度。

6. 治疗

最急性中毒，来不及治疗即大批死亡。

（1）切开嗉囊取出含毒饲料，或灌服1%硫酸铜或0.1%高锰酸钾，利于有毒物质分解，缓解中毒症状。灌服盐类泻剂，可加快排除胃肠道内没有吸收的农药。

（2）对个别中毒严重的鸡只可注射特效解毒药。4%解磷定，每千克体重0.2～0.5mg，一次肌内注射。1%硫酸阿托品，每只鸡0.1～0.2mL，一次肌内注射。

参 考 文 献

[1] 陈宗刚，李志和. 果园山林散养土鸡. 北京：科学技术文献出版社，2010.

[2] 朱国生. 土鸡饲养技术指南. 北京：中国农业大学出版社，2003.

[3] 魏祥法，王月明. 柴鸡安全生产指南. 北京：中国农业出版社，2012.

[4] 张鹤平. 林地生态养鸡实用技术. 北京：化学工业出版社，2012.

[5] 张春江，陈宗刚. 蛋鸡散养实用技术. 北京：科学技术文献出版社，2010.

[6] 丁志国，齐桂敏. 禽生产. 北京：中国农业出版社，2011.